应用型人才培养产教融合创新教材

水暖工程
识图与造价

李占巧　刘　星　主编

SHUINUAN
GONGCHENG
SHITU YU ZAOJIA

化学工业出版社

·北京·

内 容 简 介

《水暖工程识图与造价》共包括9个教学项目，项目1～3主要介绍安装工程造价所需定额及工程量清单计价规范；项目4～8以实际工程案例为导向，按照"基础知识介绍→工程识图→工程量计算→定额套价计算"工程造价的工作顺序，系统介绍了给排水、采暖、消防、工业管道及通风空调工程基础知识与识图、工程量计算与定额计价；项目9对BIM造价技术进行了简单介绍。本书采用案例教学，注重自学、操作能力的培养，体现"教、学、做"一体的实践性教学理念。

本书可作为高等职业院校工程造价专业、建筑设备工程技术专业、建筑工程技术、建筑环境与能源应用工程专业、建筑工程管理等专业的教材，也可作为水暖工程造价员的培训参考教材。

图书在版编目（CIP）数据

水暖工程识图与造价 / 李占巧，刘星主编. —北京：化学工业出版社，2022.6
ISBN 978-7-122-40957-7

Ⅰ.①水… Ⅱ.①李… ②刘… Ⅲ.①给排水系统-建筑安装-工程制图-识图-教材②采暖设备-建筑安装-工程制图-识图-教材③给排水系统-建筑安装-工程造价-教材④采暖设备-建筑安装-工程造价-教材
Ⅳ.①TU82②TU832③TU723.3

中国版本图书馆CIP数据核字（2022）第042544号

责任编辑：邢启壮　李仙华　　　　　　　　　装帧设计：史利平
责任校对：杜杏然

出版发行：化学工业出版社（北京市东城区青年湖南街 13 号　邮政编码 100011）
印　　装：大厂聚鑫印刷有限责任公司
787mm×1092mm　1/16　印张 15　字数 360 千字　　2022 年 7 月北京第 1 版第 1 次印刷

购书咨询：010-64518888　　　　　　　售后服务：010-64518899
网　　址：http://www.cip.com.cn
凡购买本书，如有缺损质量问题，本社销售中心负责调换。

定　　价：48.00元

本书编写人员名单

主　编　李占巧　河北工业职业技术大学

　　　　　刘　星　河北工业职业技术大学

副 主 编　赵　亮　石家庄职业技术学院

　　　　　胡桂秋　河北石油职业技术大学

参编人员　梁慧敏　河北工业职业技术大学

　　　　　刘　娜　河北正定师范高等专科学校

　　　　　陈楚晓　河北工业职业技术大学

　　　　　韩宇轩　石家庄铁路职业技术学院

　　　　　贺　晓　河北石油职业技术大学

　　　　　刘　洁　河北芳信工程造价咨询有限公司

主　审　谷洪雁　河北工业职业技术大学

序

国务院印发的《国家职业教育改革实施方案》中指出："建设一大批校企'双元'合作开发的国家规划教材，倡导使用新型活页式、工作手册式教材并配套开发信息化资源。每3年修订1次教材，其中专业教材随信息技术发展和产业升级情况及时动态更新。适应'互联网＋职业教育'发展需求，运用现代信息技术改进教学方式方法，推进虚拟工厂等网络学习空间建设和普遍应用。"河北工业职业技术大学为落实方案精神，并推动"中国特色高水平高职学校和专业建设计划""双高"项目建设，联合河北建工集团、广联达科技股份有限公司等业内知名企业共同开发了基于"工学结合"，服务于建筑业产业升级的系列产教融合创新教材。

该丛书的编者多年从事建筑类专业的教学研究和实践工作，重视培养学生的实践技能。他们在总结现有文献的基础上，坚持"立德树人、德技并修、理论够用、应用为主"的原则，基于"岗课赛证"综合育人机制，对接"1+X"职业技能等级证书内容和国家注册建造师、注册监理工程师、注册造价工程师、建筑室内设计师等职业资格考试内容，按照生产实际和岗位需求设计开发教材，并将建筑业向数字化设计、工厂化制造、智能化管理转型升级过程中的新技术、新工艺、新理念等纳入教材内容。书中二维码嵌入了大量的数字资源，融入了教育信息化和建筑信息化技术，包含了最新的建筑业规范、规程、图集、标准等文件，丰富的施工现场图片，虚拟仿真模型、教师微课知识讲解、软件操作、施工现场施工工艺模拟等视频音频文件，以大量的实际案例启发学生举一反三、触类旁通，同时随着国家政策调整和新规范的出台实时进行调整与更新。不仅为初学人员的业务实践提供了参考依据，也为建筑业从业人员学习建筑业新技术、新工艺提供了良好的平台。因此，本丛书既可作为职业院校和应用型本科院校建筑类专业学生用书，也可作为工程技术人员的参考资料或一线技术工人上岗培训的教材。

"十四五"时期，面对高质量发展新形势、新使命、新要求，建筑业从要素驱动、投资驱动转向创新驱动，以质量、安全、环保、效率为核心，向绿色化、工业化、智能化的新型建造方式转变，实现全过程、全要素、全参与方的升级，这就需要我们建筑专业人员更好地去探索和研究。

衷心希望各位专家和同行在阅读此丛书时提出宝贵的意见和建议，在全面建设社会主义现代化国家新征程中，共同将建筑行业发展推向新高，为实现建筑业产业转型升级做出贡献。

全国工程勘察设计大师

2021 年 12 月

前　言

　　《水暖工程识图与造价》是高职高专工程造价专业和工程管理专业的核心课程，也是建筑工程技术、建筑设备和暖通专业的主要专业课程，也是从事建筑给排水、采暖、通风空调等工程的施工技术人员与管理人员必须掌握的专业知识和技能。本书注重实际操作教学，努力培养学生的动手能力，为学生就业打下坚实的基础。本书具有如下特点：

　　（1）以实际工程案例为载体，将识图与预算结合，先介绍基础知识与识图，再介绍预算知识，通过计量与计价两个阶段，使学生掌握预算书的编制步骤与方法。

　　（2）本书以《全国统一安装工程预算定额河北省消耗量定额》（2012）、《建设工程工程量清单计价规范》(GB 50500—2013)、《通用安装工程工程量计算规范》(GB 50856—2013）为依据介绍工程量计算规则，结合国家标准图集，主要对给排水工程、采暖工程、消防工程、工业管道工程、通风空调工程等，按照工程识图→计算工程量→套价计算的顺序，详细介绍了工程预算书的编制步骤和方法。

　　（3）本书采用"互联网＋"的模式，增加了大量教学视频作为专业知识链接，可通过扫描书中二维码查看。

　　本书由河北工业职业技术大学李占巧、刘星担任主编；石家庄职业技术学院赵亮、河北石油职业技术大学胡桂秋担任副主编；参编有河北工业职业技术大学梁慧敏和陈楚晓、石家庄铁路职业技术学院韩宇轩、河北正定师范高等专科学校刘娜、河北石油职业技术大学贺晓、河北芳信工程造价咨询有限公司刘洁；河北工业职业技术大学谷洪雁主审。本书编者均为多年从事建筑设备施工和工程造价的行业人员，具有丰富的现场实践经验和教学经验，对于专业知识的深度和广度有较好的把握。

　　由于编者水平有限，书中不足之处在所难免，恳请读者和专家批评指正。

编者

2021 年 9 月

目 录

项目 **6**　消防工程识图与计价　　　**134**

项目7 工业管道工程识图与计价 166

项目8 通风空调工程识图与计价 186

二维码资源目录

安装工程造价概述

知识目标

1. 了解工程建设的概念、程序及项目划分；

2. 熟悉我国工程造价构成；

3. 掌握建筑安装工程费用组成；

4. 掌握建筑安装工程计价程序。

技能目标

1. 会使用预算定额进行套价计算；

2. 能够按照工程计价程序计算工程造价。

情感目标

通过分组讨论学习，使学生了解工程造价的构成，让每个学生充分融入学习情境中，提高学生的学习兴趣。通过多方位合作，培养学生团结协作、互助友爱的精神，形成正确的世界观、价值观和人生观。

1.1 基本建设

1.1.1 基本建设的概念

基本建设（capital construction），是国民经济各部门固定资产再生产的一种经济活动，即人们使用各种施工机具对各种建筑材料、机械设备等进行建造和安装，使之成为固定资产的过程。

固定资产，指在社会再生产过程中，可供生产或生活使用较长时间，在使用过程中基本保持原有实物形态的劳动资料和其他物质资料，如房屋、建筑物、运输工具、机械设备等。固定资产可分为生产性和非生产性两类。

为了便于管理和核算，固定资产的确定标准是：使用期限超过一年的房屋、建筑、机械、运输工具以及其他与生产经营有关的设备、器具、工具等；不属于生产经营主要设备的物品，单位价值在 2000 元以上，并且使用年限超过两年的，也应当作固定资产。

1.1.2   基本建设的主要内容

基本建设的主要内容有建筑工程、安装工程、设备工器具购置以及与基本建设相关的其他工作等。

（1）建筑工程   指永久性和临时性的建筑物、构筑物的建造。建筑物为房屋及设备设施，包括土建工程，房屋内水、电、暖，以及为人们生活提供方便的设施。构筑物有桥梁、隧道、公路、铁路、矿山、水利及园林绿化工程等。

（2）安装工程   指生产、电信、动力、起重、运输、医疗、实验等设备的装配工程和安装工程，以及附属于被安装设备的管线敷设、保温、防腐、调试、运转试车等工作。

（3）设备工器具购置   指为了建筑工程竣工后能发挥效益所必须购置的设备和器具，如工厂建成后要投产，必须要有机械；学校建成后，需要有课桌、椅子等。

（4）与基本建设相关的其他工作   包括工程勘察设计、科学研究实验、土地征用、房屋拆迁、工程监理、生产职工培训和建设单位管理工作等。

1.1.3   建设项目的类型

（1）按建设的性质分类   按建设的性质，可分为新建项目、扩建项目、改建项目、迁建项目和恢复项目。

（2）按建设的经济用途分类   按建设的经济用途，可分为生产性基本建设和非生产性基本建设。

生产性基本建设是用于物质生产和直接为物质生产服务的项目的建设，包括工业建设、建筑业和地质资源勘探事业建设、农林水利建设；非生产性基本建设是用于人民物质和文化生活项目的建设，包括住宅、学校、医院、托儿所、影剧院、国家行政机关和金融保险业的建设等。

（3）按建设规模分类   按建设规模和总投资的大小，可分为大型、中型、小型建设项目。

1.1.4   基本建设程序

工程建设过程中所涉及的社会层面和管理部门广泛，协调、合作环节多，因此必须按照工程建设的客观规律和实际顺序进行。工程的建设程序就是指建设项目从酝酿、提出、决策、设计、施工到竣工验收及投入生产整个过程中各环节及各项主要工作内容必须遵循的先后顺序。这个顺序是由工程建设进程决定的，它反映了建设工作客观存在的经济规律及其自身的内在联系和特点。

我国工程建设程序依次划分为以下几个阶段和若干个环节。

建设前期阶段：包括编制项目建议书、进行可行性研究、项目决策等。

勘察设计阶段：包括选址、勘察、规划、设计等。

建设准备阶段：包括项目报批、征地拆迁、场地平整、工程招投标等。

建设施工阶段：主要有建筑安装施工等，包括安全质量监督及监理。

竣工验收阶段：包括验收交付使用、竣工结算、决算及项目后评价等。

（1）编制项目建议书　项目建议书（the project proposal）是项目建设筹建单位或项目法人，根据国民经济发展、国家和地方中长期规划，提出的某一具体项目的建议文件，是对拟建项目提出的框架性的总体设想，说明投资项目实施的必要性、可行性和经济性，并以必要性为主。

（2）进行可行性研究　可行性研究（feasibility study）是对工程建设项目技术上和经济上是否合理进行的科学分析和论证，它通过市场研究、技术研究、经济研究进行多方案比较，提出最佳方案。

可行性研究经过评审后，就可着手编写可行性研究报告。可行性研究报告是确定建设项目、编制设计文件的主要依据，在建设程序中起主导作用。可行性研究报告一经批准后即形成决策，是初步设计的依据，不得随意修改或变更。

（3）选择建设地点　建设地点的选择由主管部门组织勘察设计单位和所在地有关部门共同进行。在综合研究工程地质、水文等自然条件，建设工程所需水、电、运输条件和项目建成投产后原材料、燃料以及生产和工作人员生活条件、生产环境等因素基础之上，进行多方案比选后，提交选址报告。

（4）编制设计文件　可行性研究报告和选址报告批准后，建设单位或其主管部门可以委托或通过设计招投标方式选择设计单位，按可行性研究报告中的有关要求，编制设计文件。一般进行两阶段设计，即初步设计和施工图设计。技术上比较复杂而又缺乏设计经验的项目，可进行三阶段设计，即初步设计、技术设计和施工图设计。

（5）建设前期准备工作　该阶段进行的工作主要包括项目报批、手续办理、征地拆迁、场地平整；材料、设备采购；组织施工招投标，选择施工单位；办理建设项目施工许可证。

（6）编制建设计划和建设年度计划　根据批准的总概算和建设工期，合理编制建设计划和建设年度计划。计划内容要与投资、材料、设备和劳动力相适应，以确保计划的顺利实施。

（7）建设施工　建设年度计划批准后，建设准备工作就绪，取得建设主管部门颁发的建筑许可证后方可正式施工。施工前，施工单位要编制施工预算。为确保工程质量，必须严格按施工图纸、施工验收规范等要求进行施工，按照合理的施工顺序组织施工，加强经济核算。

（8）项目投产前的准备工作　项目投产前要进行必要的生产准备，包括建立生产经营相关管理机构，培训生产人员，组织生产人员参加设备的安装、调试，订购生产所需的原材料、燃料、工器具、备件等。

（9）竣工验收　建设项目按设计文件规定的内容全部施工完成后，由建设项目主管部门或建设单位向负责验收单位提出竣工验收申请报告，组织验收。竣工验收是全面考核基本建设工作，检查是否符合设计要求和工程质量的重要环节，对清点建设成果、促进建设项目及时投产、发挥投资效益及总结建设经验教训都有重要作用。

（10）项目后评价　项目后评价是工程项目竣工投产并生产经营一段时间后对项目的决策、设计、施工、投产及生产运营等全过程进行系统评价的一种技术经济活动。通过建设项目后评价，研究问题、总结经验、吸取教训并提出建议，达到不断提高项目决策水平和投资效果的目的。

1.1.5　基本建设工程项目的划分

基本建设工程项目一般可划分为建设项目、单项工程、单位工程、分部工程和分项工程。基本建设工程项目的划分，如图1-1所示。

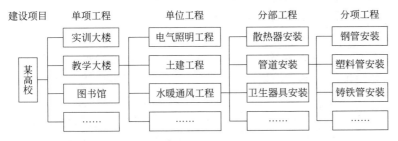

图1-1　基本建设工程项目分解示意图

（1）建设项目　建设项目是指具有设计任务书和总体设计，由一个或几个单项工程组成，经济上实行统一核算，行政上实行统一管理的工程项目，如一个工厂、一所学校、一个医院都可以作为一个建设项目。建设项目工程造价一般由设计总概算（又称设计预算）或修正概算来确定。

按照建设项目分解管理的需要可将建设项目分解为单项工程、单位工程、分部工程、分项工程。

（2）单项工程　单项工程是指在一个建设项目中，具有独立的设计文件，竣工后可以独立发挥生产能力或使用效益的项目，它是建设项目的组成部分，如车间、宿舍、办公楼等。单项工程造价由编制单项工程综合概（预）算来确定。

单项工程是具有独立存在意义的一个完整的建筑及设备安装工程，也是一个很复杂的综合体。为了便于计算工程造价，单项工程仍需进一步分解为若干单位工程。

（3）单位工程　单位工程是指在单项工程中，具有独立设计文件，可以独立组织施工，但完工后不能独立发挥生产能力或使用效益的工程，它是单项工程的组成部分，如住宅建筑中的土建、给排水、电气照明等。单位工程造价一般由施工图预算（或单位工程设计概算）确定。

（4）分部工程　分部工程是单位工程的组成部分，它是按照工程部位、专业结构特点等将一个单位工程分解为若干个分部工程，如给排水工程中的管道安装、阀门安装、卫生器具安装等，每项都是一个分部工程。分部工程费用是单位工程价格的组成部分。

（5）分项工程　分项工程是分部工程的组成部分，每个分部工程按照施工方法、使用的材料、结构构件的不同等因素进一步划分为若干个分项工程，每个分项工程都能用一定的计量单位计算，并能计算出分项工程所耗用的人工、材料、机械台班的数量。

分项工程是分部工程的细分，是建设项目最基本的组成单元，是最简单的施工过程，也是工程预算分项中最基本的分项单元。

1.1.6　基本建设各阶段的计量与计价活动

工程量计量与计价活动是一个动态过程，它在工程建设程序不同的阶段，有不同的内容和作用，如图1-2所示。

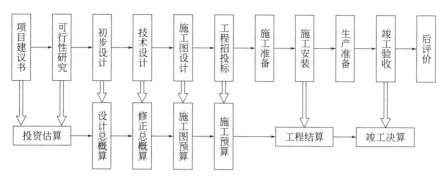

图1-2　基本建设程序与工程造价形式对照示意图

（1）投资估算　投资估算一般是指在项目建议书或可行性研究阶段，建设单位向国家或主管部门申请基本建设投资时，为了确定建设项目的投资总额而编制的经济文件。它是国家或主管部门审批或确定基本建设投资计划的重要文件。投资估算总额是指从筹建、施工直至建成投产的全部建设费用，其包括的内容应视项目的性质和范围而定。

投资估算主要根据估算指标、概算指标或类似工程预（决）算资料进行编制。

（2）设计总概算　设计总概算是指设计单位在初步设计或扩大初步设计阶段，在投资估算的控制下由设计单位根据初步设计图纸、概算定额或概算指标、设备预算价格、各项费用的定额或取费标准、建设地区的自然和技术经济条件等资料，预先计算建设项目由筹建至竣工验收、交付使用全部建设费用的经济文件。

设计总概算包括单位工程概算、单项工程综合概算、其他工程的费用概算、建设项目总概算以及编制说明等，是由单个到综合，局部到总体，逐个编制，层层汇总而成。

设计总概算应按建设项目的建设规模、隶属关系和审批程序报请审批。总概算按规定的程序经有关机关批准后，就成为国家控制该建设项目总投资额的主要依据，不得任意突破。

（3）修正总概算　修正总概算是指当采用三阶段设计时，在技术阶段，随着设计内容的具体化、建设规模、结构性质、设备类型和数量等方面内容与初步设计可能有出入，为此，设计单位应对投资进行具体核算，对初步设计的概算进行修正而形成的经济文件。

修正总概算的作用与设计总概算基本相同。一般情况下，修正总概算不应超过原批准的设计总概算。

（4）施工图预算　施工图预算是指在施工图设计阶段，设计全部完成并经过会审，在单位工程开工之前，施工单位根据施工图纸、施工组织设计、预算定额、各项费用取费标准、建设地区自然和技术经济条件等资料，预先计算和确定单项工程及单位工程全部建设费用的经济文件。

施工图预算的主要作用是确定建筑安装工程预算造价与主要物资需用量。在工程设计过程中，设计部门据此控制施工图造价，防止其突破概算。施工图预算一经审定便是签订工程建设合同、业主和承包商经济核算、编制施工计划和银行拨款等的依据。

（5）施工预算　施工预算是在施工阶段开工前，施工企业以施工图预算（或承包合同价）为目标确定的单位工程（或分部、分项工程）所需的人工、材料、机械台班消耗量及其相应费用的技术经济文件。它是根据施工图计算的分项工程量、施工定额（或企业内部消耗定额）、单位工程施工组织设计或施工方案和施工现场条件等，通过资料分析、计算而编制的。

（6）工程结算　工程结算是指一个单项工程、单位工程、分部工程或分项工程完工，并经建设单位及有关部门验收后，施工企业根据合同规定，按照施工时经发、承包双方认可的实际完成工程量、现场情况记录、设计变更通知书、现场签证、预算定额、材料预算价格和各种费用取费标准等资料，向建设单位办理结算工程价款、取得收入、用以补偿施工过程中的资金耗费、确定施工盈亏的经济活动。

工程结算一般有定期结算、阶段结算、竣工结算等方式。

竣工结算价是在承包人完成合同约定的全部工程承包内容、发包人依法组织竣工验收并验收合格后，由发、承包双方根据国家有关法律、法规规定，按照合同约定的工程造价确定条款，即合同价、合同条款调整内容、索赔和现场签证等事项确定的最终工程造价。

（7）竣工决算 竣工决算是指在竣工验收阶段，当一个建设项目完工并经验收后，建设单位编制的从筹建到竣工验收、交付使用全过程实际支出的建设费用的经济文件。竣工决算能全面反映基本建设的经济效果，是核定新增固定资产和流动资产价值、办理交付使用的依据。

1.2　工程造价的构成

工程造价就是工程的建造价格。工程泛指一切建设工程，它的范围和内涵具有很大的不确定性。工程造价有如下两种含义。

第一种含义：工程造价是指建设一项工程预期开支或实际开支的全部固定资产投资费用。从这个意义上说，工程造价就是工程投资费用，建设项目工程造价就是建设项目固定资产投资。

第二种含义：工程造价是指工程价格。即为建成一项工程，预计或实际在土地市场、设备市场、技术劳务市场以及承包市场等交易活动中所形成的建筑安装工程的价格和建设工程总价格。

通常，人们将工程造价的第二种含义认定为工程承发包价格。

我国现行工程造价构成主要内容为建设项目总投资（包括固定资产投资和流动资产投资两部分），建设项目总投资中的固定资产投资与建设项目的工程造价在量上相等。也就是说，工程造价由设备及工器具购置费、建筑安装工程费、工程建设其他费、预备费、建设期贷款利息、固定资产投资方向调节税构成，具体构成内容如图1-3所示。

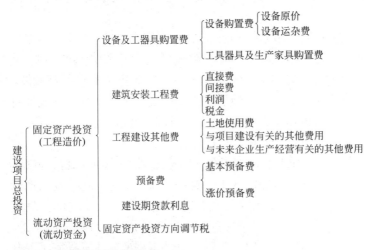

图1-3　我国现行工程造价的构成

1.2.1 设备及工器具购置费

设备及工器具购置费是由设备购置费和工器具及生产家具购置费组成的，它是固定资产投资中的积极部分。在生产性工程建设中，设备及工器具购置费占工程造价比例的增大，意味着生产技术的进步和资本有机构成的提高。

1.2.1.1 设备购置费

设备购置费是指达到固定资产标准，为建设项目购置或自制的各种国产或进口设备、工具、器具的购置费用。它由设备原价和设备运杂费构成，计算公式如下：

$$设备购置费 = 设备原价 + 设备运杂费$$

上式中，设备原价指国产设备或进口设备的原价；设备运杂费指除设备原价之外的关于设备采购、运输、途中包装及仓库保管等方面支出费用的总和。

（1）设备原价 国产设备原价一般指的是设备制造厂的交货价或订货合同价。进口设备原价是指进口设备的抵岸价，即抵达买方边境港口或边境车站，且交完关税等税费后形成的价格。进口设备抵岸价的构成与进口设备的交货方式有关。

（2）设备运杂费 设备运杂费通常由下列各项构成：

① 运费和装卸费。国产设备由设备制造厂交货地点起至工地仓库（或施工组织设计指定的需要安装设备的堆放地点）止所发生的运费和装卸费；进口设备则由我国到岸港口或边境车站起至工地仓库（或施工组织设计指定的需安装设备的堆放地点）止所发生的运费和装卸费。

② 包装费。在设备原价中没有包含的，为运输而进行的包装支出的各种费用。

③ 设备供销部门的手续费。按有关部门规定的统一费率计算。

④ 采购与仓库保管费。指采购、验收、保管和收发设备所发生的各种费用，包括设备采购人员、保管人员和管理人员的工资、工资附加费、办公费、差旅交通费，设备供应部门办公和仓库所占固定资产使用费、工具用具使用费、劳动保护费、检验试验费等。这些费用可按主管部门规定的采购与保管费费率计算。

1.2.1.2 工器具及生产家具购置费

工器具及生产家具购置费，是指新建或扩建项目初步设计规定的，保证初期正常生产必须购置的不够固定资产标准的设备、仪器、工卡模具、器具、生产家具和备品备件等的购置费用。

1.2.2 工程建设其他费

工程建设其他费是指应在建设项目的建设投资中开支的，为保证工程建设顺利完成和交付使用后能够正常发挥效用而产生的费用，主要包括土地使用费、与项目建设有关的其他费用、与未来企业生产经营有关的其他费用等。

1.2.2.1 土地使用费

任何一个建设项目都固定于一定地点与地面相连接，必须占用一定量的土地，也就必然要发生为获得建设用地而支付的费用，这就是土地使用费。它是指通过划拨方式取得土地使用权而支付的土地征用及迁移补偿费，或者通过土地使用权出让方式取得土地使用权而支付的土地使用权出让金。

（1）土地征用及迁移补偿费 土地征用及迁移补偿费，是指建设项目通过划拨方式取得无限期的土地使用权，依照《中华人民共和国土地管理法》等规定所支付的费用。其总和一般不得超过被征土地年产值的30倍，土地年产值则按该地被征用前三年的平均产量和国家规定的价格计算。其内容包括：土地补偿费，青苗补偿费和被征用土地上的房屋、水井、树木等附着物补偿费，安置补助费，缴纳的耕地占用税或城镇土地使用税，土地登记费及征地管理费，征地动迁费，水利水电工程水库淹没处理补偿费等。

（2）土地使用权出让金 土地使用权出让金，指建设项目通过土地使用权出让方式，取得有限期的土地使用权，依照《中华人民共和国城镇国有土地使用权出让和转让暂行条例》规定支付。

1.2.2.2 与项目建设有关的其他费用

与项目建设有关的其他费用主要包括建设单位管理费、勘察设计费、研究试验费、建设单位临时设施费、工程监理费、工程保险费、供电贴费、施工机构迁移费、引进技术和进口设备其他费用、工程承包费等。

（1）建设单位管理费 建设单位管理费是指建设单位为了进行建设项目的筹建、建设、试运转、竣工验收和项目后评估等全过程管理所需的各项管理费用。

（2）勘察设计费 勘察设计费是指委托有关咨询单位进行可行性研究、项目评估决策及设计文件等工作按规定支付的前期工作费用，或委托勘察、设计单位进行勘察、设计工作按规定支付的勘察设计费用，或在规定的范围内由建设单位自行完成有关的可行性研究或勘察设计工作所需的费用。

勘察设计费一般按照国家发展和改革委员会颁发的有关勘察设计的收费标准和有关规定进行计算，随着勘察设计招投标活动的逐步推行，这项费用也应结合建筑市场的具体情况进行确定。

（3）研究试验费 研究试验费是指为建设项目提供和验证设计参数、数据、资料等进行必要试验所需的费用以及设计规定在施工中必须进行试验和验证所需的费用，主要包括自行或委托其他部门研究试验所需的人工费、材料费、试验设备及仪器使用费等。该项费用一般根据设计单位，针对本建设项目需要所提出的研究试验内容和要求进行计算。

（4）建设单位临时设施费 建设单位临时设施费是指建设单位在项目建设期间所需的有关临时设施的搭设、维修、摊销或租赁费用。建设单位临时设施主要包括临时宿舍、文化福利和公用事业房屋、构筑物、仓库、办公室、加工厂、道路、水电等。针对该项费用，新建工程项目一般按照建筑安装工程费用的1%计算；改扩建工程项目一般可按小于建筑安装工程费用的0.6%计算。

（5）工程监理费 工程监理费是指建设单位委托监理单位对工程实施监理工作所需的各项费用。广泛推行建设工程监理制是我国工程建设领域管理体制的重大改革，主要有以下两种计费方法：

① 按照监理工程概算或预算的 0.03%～2.50% 计算；

② 按照监理人员的年度平均人数乘以（3～5）万元／（人·a）计算。

（6）工程保险费　　工程保险费是指建设项目在建设期间根据工程需要实施工程保险所需的费用，一般包括以各种建筑工程及其在施工过程中的物料、机器设备为保险标的的建筑工程一切险，以安装工程中的各种物料、机器设备为保险标的的安装工程一切险，以及机器损坏保险等所支出的保险费用。

该项费用一般根据不同的工程类别，按照其建筑安装工程费用乘以相应的建筑安装工程保险费率进行计算。

（7）供电贴费　　供电贴费是建设单位申请用电或增加用电容量时，按照国家规定应向供电部门缴纳，由供电部门统一规划并负责建设的 110kV 以下各级电压外部供电工程的建设、扩充、改建等费用的总称。

（8）施工机构迁移费　　施工机构迁移费是指施工机构根据建设任务的需要，经建设项目主管部门批准由原驻地迁移到另一地区的一次性搬迁费用，一般适用于大中型的水利、电力、铁路和公路等需要大量人力、物力进行施工，施工时间较长、专业性较强的工程项目。该项费用包括职工及随同家属的差旅费，调迁期间的工资、施工机械、设备、工具、用具、周转性材料等的搬运费，但不包括以下费用：

① 应由施工单位自行负担的，在规定范围内调动施工力量以及内部平衡施工力量所发生的迁移费用。

② 由于违反基建程序，盲目调迁施工队伍所发生的迁移费用。

③ 因中标而引起的施工机构迁移所发生的迁移费用。该项费用一般按照建筑安装费用的 0.5%～1% 进行计算。

（9）引进技术和进口设备其他费用　　引进技术和进口设备其他费用是指本建设项目因引进技术和进口设备而发生的相关费用，主要包括以下费用：

① 出国人员费用。指为引进技术和进口设备派出人员在国外培训和进行设计联系，以及材料、设备检验等的差旅费、服装费、生活费等，一般按照设计规定的出国培训和工作的人数、时间、派往的国家，依据财政部和外交部规定的临时出国人员费用开支标准进行计算。

② 国外工程技术人员来华费用。它是指为引进国外技术和安装进口设备等聘用国外工程技术人员进行技术指导工作所发生的技术服务费、工资、生活补贴、差旅费、住宿费、招待费等，一般按照签订合同所规定的人数、期限和有关标准进行计算。

③ 技术引进费。指引进国外先进技术而支付的专利费、专有技术费、国外设计及技术资料费等，一般按照合同规定的价格进行计算。

④ 担保费。指国内金融机构为买方出具保函的担保费，一般按照有关金融机构规定的担保费率进行计算。

⑤ 分期或延期付款利息。指利用出口信贷引进技术或进口设备采取分期或延期付款的办法所支付的利息。

⑥ 进口设备检验鉴定费。指进口设备按规定必须缴纳的商品检验部门的进口设备检验鉴定费，一般按照进口设备货价的相应比例计算。

（10）工程承包费　　工程承包费是指具有工程总承包条件的公司对建设项目从开始到竣工投产全过程进行总承包所需要的管理费用，一般包括组织勘察设计、设备材料采购、非标设备设计制造与销售、施工招标、发包、工程预决算、项目管理、施工质量监督、隐蔽工程检查、工程验收和竣工投产等工作所发生的各项管理费用。该项费用一般按照国家主管部门或各地政府部门规定的工程承包费的取费标准，按照投资估算的百分比进行计算。不实行工程承包的项目不能计算本项费用。

1.2.2.3 与未来企业生产经营有关的其他费用

与未来企业生产经营有关的其他费用主要包括联合试运转费、生产准备费、办公和生活家具购置费等。

（1）联合试运转费　联合试运转费是指新建或扩建工程项目竣工验收前，按照设计规定应进行有关无负荷和负荷联合试运转所发生的费用支出大于费用收入的差额部分费用。费用支出一般包括试运转所需的原料、燃料及动力费用，机械使用费用，低值易耗品及其他物品的购置费用，施工单位参加联合试运转人员的工资等，但不包括应由设备安装工程费开支的单台设备调试费和试车费用。费用收入一般包括联合试运转所生产合格产品的销售收入和其他收入等，该项费用一般按照不同性质的项目需要试运转车间工艺设备购置费的比例进行计算。

（2）生产准备费　生产准备费是指新建或扩建工程项目在竣工验收前为保证竣工交付使用而进行必要的生产准备所发生的有关费用。

（3）办公和生活家具购置费　办公和生活家具购置费是指为保证新建或扩建工程项目初期正常生产、使用和管理所必须购置的办公和生活家具、用具的费用，其范围包括办公室、会议室、资料室、食堂、宿舍、招待所和幼儿园等家具和用具购置费。该项费用一般按照设计定员人数乘以相应的综合指标进行估算。改、扩建工程项目所需的办公和生活家具购置费应低于新建项目。

1.2.3 预备费

按我国现行规定，预备费包括基本预备费和涨价预备费。

（1）基本预备费　基本预备费是指在初步设计及概算内难以预料的工程费用。

基本预备费是以设备及工器具购置费、建筑安装工程费用和工程建设其他费用三者之和为计取基础，乘以基本预备费费率进行计算。计算公式如下：

基本预备费 ＝（设备及工器具购置费 ＋ 建筑安装工程费用 ＋ 工程建设其他费用）× 基本预备费费率

基本预备费费率的取值应执行国家及部门的有关规定。

（2）涨价预备费　涨价预备费是指建设项目在建设期间内由于价格变化引起工程造价变化的预测预留费用。涨价预备费的测算方法，一般根据国家规定的投资综合价格指数，以估算年份价格水平的投资额为基数，采用复利方法计算。

1.2.4 建设期贷款利息

建设期贷款利息包括向国内银行和其他非银行金融机构贷款、出口信贷、外国政府贷款、国际商业银行贷款以及在境内外发行的债券等在建设期间内应偿还的借款利息。

当总贷款是分年均衡发放时，建设期利息的计算可按当年借款在年中支用考虑，即当年贷款按半年计息，上年贷款按全年计息。

1.2.5　固定资产投资方向调节税

为了贯彻国家产业政策，控制投资规模，引导投资方向，调整投资结构，加强重点建设，促进国民经济持续、稳定、协调发展，对在我国境内进行固定资产投资的单位和个人开征或暂缓征收固定资产投资方向调节税。

投资方向调节税根据国家产业政策和项目经济规模实行差别税率，税率分为 0%、5%、10%、15%、30% 五个档次。差别税率按两大类设计，一是基本建设项目投资，二是更新改造项目投资。对前者设计了四档税率，即 0%、5%、15%、30%；对后者设计了两档税率，即 0%、10%。

2012 年 11 月 9 日公布的《国务院关于修改和废止部分行政法规的决定》（国务院令第 628 号）废止了《中华人民共和国固定资产投资方向调节税暂行条例》（1991 年 4 月 16 日中华人民共和国国务院令第 82 号发布），自 2013 年 1 月 1 日起施行。

1.3　建筑安装工程费用组成

根据住房和城乡建设部、财政部关于印发《建筑安装工程费用项目组成》的通知，建筑安装工程费用项目按费用构成要素组成划分为人工费、材料费（包含工程设备，下同）、施工机具使用费、企业管理费、利润、规费和税金。其中人工费、材料费、施工机具使用费、企业管理费和利润包含在分部分项工程费、措施项目费、其他项目费中，如图 1-4 所示。

1.3.1　建筑安装工程费用组成（按构成要素划分）

1.3.1.1　人工费

人工费是指按工资总额构成规定，支付给从事建筑安装工程施工的生产工人和附属生产单位工人的各项费用。内容包括：

① 计时工资或计件工资：是指按计时工资标准和工作时间或对已做工作按计件单价支付给个人的劳动报酬。

② 奖金：是指对超额劳动和增收节支支付给个人的劳动报酬，如节约奖、劳动竞赛奖等。

③ 津贴、补贴：是指为了补偿职工特殊或额外的劳动消耗和因其他特殊原因支付给个人的津贴，以及为了保证职工工资水平不受物价影响支付给个人的物价补贴，如流动施工津

贴、特殊地区施工津贴、高温（寒）作业临时津贴、高空津贴等。

④ 加班加点工资：是指按规定支付的在法定节假日工作的加班工资和在法定日工作时间外延时工作的加点工资。

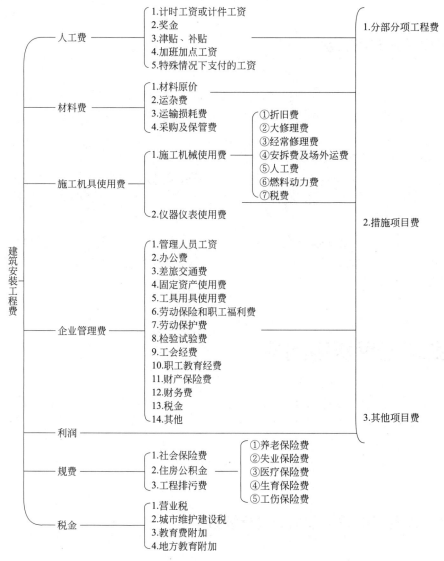

图1-4　建筑安装工程费用项目组成表（按费用构成要素划分）

⑤ 特殊情况下支付的工资：是指根据国家法律、法规和政策规定，因病、工伤、产假、计划生育假、婚丧假、事假、探亲假、定期休假、停工学习、执行国家或社会义务等原因按计时工资标准或计时工资标准的一定比例支付的工资。

1.3.1.2　材料费

材料费是指施工过程中耗费的原材料、辅助材料、构配件、零件、半成品或成品、工程设备的费用。内容包括：

① 材料原价：是指材料、工程设备的出厂价格或商家供应价格。

② 运杂费：是指材料、工程设备自来源地运至工地仓库或指定堆放地点所发生的全部费用。

③ 运输损耗费：是指材料在运输装卸过程中不可避免的损耗。

④ 采购及保管费：是指为组织采购、供应和保管材料、工程设备的过程中所需要的各项费用，包括采购费、仓储费、工地保管费、仓储损耗。

1.3.1.3 施工机具使用费

施工机具使用费是指施工作业所发生的施工机械、仪器仪表使用费或其租赁费。

（1）施工机械使用费　是以施工机械台班耗用量乘以施工机械台班单价表示，施工机械台班单价应由下列七项费用组成：

① 折旧费：指施工机械在规定的使用年限内，陆续收回其原值的费用。

② 大修理费：指施工机械按规定的大修理间隔台班进行必要的大修理，以恢复其正常功能所需的费用。

③ 经常修理费：指施工机械除大修理以外的各级保养和临时故障排除所需的费用，包括为保障机械正常运转所需替换设备与随机配备工具附具的摊销和维护费用，机械运转中日常保养所需润滑与擦拭的材料费用及机械停滞期间的维护和保养费用等。

④ 安拆费及场外运费：安拆费指施工机械（大型机械除外）在现场进行安装与拆卸所需的人工、材料、机械和试运转费用以及机械辅助设施的折旧、搭设、拆除等费用；场外运费指施工机械整体或分体自停放地点运至施工现场或由一施工地点运至另一施工地点的运输、装卸、辅助材料及架线等费用。

⑤ 人工费：指机上司机（司炉）和其他操作人员的人工费。

⑥ 燃料动力费：指施工机械在运转作业中所消耗的各种燃料及水、电等。

⑦ 税费：指施工机械按照国家规定应缴纳的车船使用税、保险费及年检费等。

（2）仪器仪表使用费　是指工程施工所需使用的仪器仪表的摊销及维修费用。

1.3.1.4 企业管理费

企业管理费是指建筑安装企业组织施工生产和经营管理所需的费用。内容包括：

① 管理人员工资：是指按规定支付给管理人员的计时工资、奖金、津贴补贴、加班加点工资及特殊情况下支付的工资等。

② 办公费：是指企业管理办公用的文具、纸张、账表、印刷、邮电、书报、办公软件、现场监控、会议、水电、烧水和集体取暖降温（包括现场临时宿舍取暖降温）等费用。

③ 差旅交通费：是指职工因公出差、调动工作的差旅费、住勤补助费，市内交通费和误餐补助费，职工探亲路费，劳动力招募费，职工退休、退职一次性路费，工伤人员就医路费，工地转移费以及管理部门使用的交通工具的油料、燃料等费用。

④ 固定资产使用费：是指管理和试验部门及附属生产单位使用的属于固定资产的房屋、设备、仪器等的折旧、大修、维修或租赁费。

⑤ 工具用具使用费：是指企业施工生产和管理使用的不属于固定资产的工具、器具、家具、交通工具和检验、试验、测绘、消防用具等的购置、维修和摊销费。

⑥ 劳动保险和职工福利费：是指由企业支付的职工退职金、按规定支付给离休干部的

经费、集体福利费、夏季防暑降温、冬季取暖补贴、上下班交通补贴等。

⑦ 劳动保护费：是企业按规定发放的劳动保护用品的支出，如工作服、手套、防暑降温饮料以及在有碍身体健康的环境中施工的保健费用等。

⑧ 检验试验费：是指施工企业按照有关标准规定，对建筑以及材料、构件和建筑安装物进行一般鉴定、检查所发生的费用，包括自设试验室进行试验所耗用的材料等费用。不包括新结构、新材料的试验费，对构件做破坏性试验及其他特殊要求检验试验的费用和建设单位委托检测机构进行检测的费用。对此类检测发生的费用，由建设单位在工程建设其他费用中列支。但对施工企业提供的具有合格证明的材料进行检测不合格的，该检测费用由施工企业支付。

⑨ 工会经费：是指企业按《中华人民共和国工会法》规定的全部职工工资总额比例计提的工会经费。

⑩ 职工教育经费：是指按职工工资总额的规定比例计提，企业为职工进行专业技术和职业技能培训，专业技术人员继续教育、职工职业技能鉴定、职业资格认定以及根据需要对职工进行各类文化教育所发生的费用。

⑪ 财产保险费：是指施工管理用财产、车辆等的保险费用。

⑫ 财务费：是指企业为施工生产筹集资金或提供预付款担保、履约担保、职工工资支付担保等所发生的各种费用。

⑬ 税金：是指企业按规定缴纳的房产税、车船使用税、土地使用税、印花税等。

⑭ 其他：包括技术转让费、技术开发费、投标费、业务招待费、绿化费、广告费、公证费、法律顾问费、审计费、咨询费、保险费等。

1.3.1.5 利润

利润是指施工企业完成所承包工程获得的盈利。

1.3.1.6 规费

规费是指按国家法律、法规规定，由省级政府和省级有关权力部门规定必须缴纳或计取的费用，包括社会保险费、住房公积金和工程排污费。

（1）社会保险费　社会保险费包括：

① 养老保险费：是指企业按照规定标准为职工缴纳的基本养老保险费。

② 失业保险费：是指企业按照规定标准为职工缴纳的失业保险费。

③ 医疗保险费：是指企业按照规定标准为职工缴纳的基本医疗保险费。

④ 生育保险费：是指企业按照规定标准为职工缴纳的生育保险费。

⑤ 工伤保险费：是指企业按照规定标准为职工缴纳的工伤保险费。

（2）住房公积金　住房公积金是指企业按规定标准为职工缴纳的住房公积金。

（3）工程排污费　工程排污费是指企业按规定缴纳的施工现场工程排污费。

1.3.1.7 税金

税金是指国家税法规定的应计入建筑安装工程造价内的营业税、城市维护建设税、教育费附加以及地方教育附加。

1.3.2　建筑安装工程费用组成（按造价形成划分）

　　建筑安装工程费按照工程造价形成由分部分项工程费、措施项目费、其他项目费、规费、税金组成，分部分项工程费、措施项目费、其他项目费包含人工费、材料费、施工机具使用费、企业管理费和利润，如图 1-5 所示。

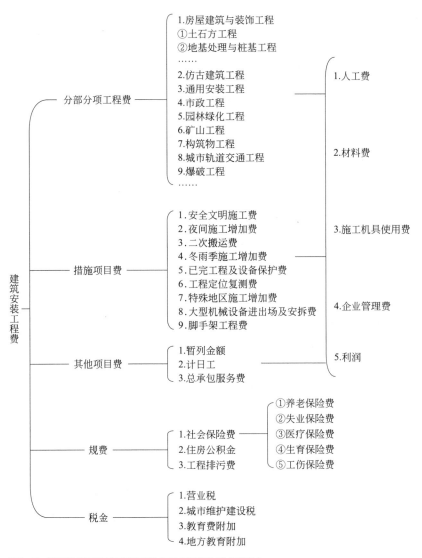

图1-5　建筑安装工程费用项目组成表（按造价形成划分）

1.3.2.1　分部分项工程费

　　分部分项工程费是指各专业工程的分部分项工程应予列支的各项费用。

　　（1）专业工程　是指按现行国家计量规范划分的房屋建筑与装饰工程、仿古建筑工程、通用安装工程、市政工程、园林绿化工程、矿山工程、构筑物工程、城市轨道交通工程、爆破工程等各类工程。

（2）分部分项工程　指按现行国家计量规范对各专业工程划分的项目，如房屋建筑与装饰工程划分的土石方工程、地基处理与桩基工程、砌筑工程、钢筋及钢筋混凝土工程等。

1.3.2.2　措施项目费

措施项目费是指为完成建设工程施工，发生于该工程施工前和施工过程中的技术、生活、安全、环境保护等方面的费用。内容包括：

（1）安全文明施工费　安全文明施工费包括：

① 环境保护费：是指施工现场为达到环保部门要求所需要的各项费用。

② 文明施工费：是指施工现场文明施工所需要的各项费用。

③ 安全施工费：是指施工现场安全施工所需要的各项费用。

④ 临时设施费：是指施工企业为进行建设工程施工所必须搭设的生活和生产用的临时建筑物、构筑物和其他临时设施费用，包括临时设施的搭设、维修、拆除、清理费或摊销费等。

（2）夜间施工增加费　是指因夜间施工所发生的夜班补助费、夜间施工降效、夜间施工照明设备摊销及照明用电等费用。

（3）二次搬运费　是指因施工场地条件限制而发生的材料、构配件、半成品等一次运输不能到达堆放地点，必须进行二次或多次搬运所发生的费用。

（4）冬雨季施工增加费　是指在冬季或雨季施工需增加的临时设施、防滑、排除雨雪、人工及施工机械效率降低等费用。

（5）已完工程及设备保护费　是指竣工验收前，对已完工程及设备采取的必要保护措施所发生的费用。

（6）工程定位复测费　是指工程施工过程中进行全部施工测量放线和复测工作的费用。

（7）特殊地区施工增加费　是指工程在沙漠或其边缘地区、高海拔、高寒、原始森林等特殊地区施工增加的费用。

（8）大型机械设备进出场及安拆费　是指机械整体或分体自停放地运至施工现场或由一个施工地点运至另一个施工地点，所发生的机械进出场运输及转移费用和机械在施工现场进行安装、拆卸所需的人工费、材料费、机械费、试运转费及安装所需的辅助设施的费用。

（9）脚手架工程费　是指施工需要的各种脚手架搭、拆、运输费用以及脚手架购置费的摊销（或租赁）费用。

1.3.2.3　其他项目费

（1）暂列金额　是指建设单位在工程量清单中暂定并包括在工程合同价款中的一笔款项。用于施工合同签订时尚未确定或者不可预见的所需材料、工程设备、服务的采购，施工中可能发生的工程变更、合同约定调整因素出现时的工程价款调整以及发生的索赔、现场签证确认等费用。

（2）计日工　是指在施工过程中，施工企业完成建设单位提出的施工图纸以外的零星项目或工作所需的费用。

（3）总承包服务费　是指总承包人为配合、协调建设单位进行的专业工程发包，对建设单位自行采购的材料、工程设备等进行保管以及施工现场管理、竣工资料汇总整理等服务所需的费用。

1.4　安装工程造价及计价程序

1.4.1　安装工程造价的概念

安装工程造价是指各种设备、装置的安装工程，即工业与民用建筑的给排水、采暖、燃气、通风空调、电气、智能化控制设备以及通信设备等的安装工程费。主要包括以下内容：

① 房屋的供水、供暖、供电、通风、燃气、网络、电视、电话等工程的各种管道、电力、电信和电缆导线敷设及设备安装费用。

② 生产、动力、起重、运输、传动、医疗和试验等各种需要安装的机械设备的装配费用，与设备相连的工作台、梯子、栏杆等装饰工程费用，附属于被安装设备的管线敷设工程费用，以及被安装设备的绝缘、防腐、保温、油漆等工作的主要材料费和安装费。

③ 为测定安装工程质量，对单台设备进行单机试运转，对系统设备进行系统联动无负荷试运转工作的调试费。

安装工程涉及多个专业，如给排水工程、采暖工程、电气工程、消防工程等，每一个单位安装工程其工程造价按费用构成要素组成，可以划分为人工费、材料费、施工机械使用费、企业管理费、利润、规费和税金；若按工程造价形成顺序，可划分为分部分项工程费、措施项目费、其他项目费、规费和税金。

1.4.2　建筑工程类别划分及说明

（1）一般建筑工程类别划分　以河北省为例，河北省一般建筑工程类别划分详见表1-1。

表1-1　一般建筑工程类别划分

项目			一类	二类	三类
工业建筑	钢结构	跨度	≥30m	≥15m	<15m
		建筑面积	≥12000m²	≥8000m²	<8000m²
	其他结构	单层			
		檐高	≥20m	≥15m	<15m
		跨度	≥24m	≥15m	<15m
		多层			
		檐高	≥24m	≥15m	<15m
		建筑面积	≥8000m²	≥4000m²	<4000m²

续表

项目			一类	二类	三类
民用建筑	公共建筑	檐高	≥36m	≥20m	<20m
		建筑面积	≥7000m²	≥4000m²	<4000m²
		跨度	≥30m	≥15m	<15m
	居住建筑	檐高	≥56m	≥20m	<20m
		层数	≥20层	≥7层	<7层
		建筑面积	≥12000m²	≥7000m²	<7000m²
构筑物	水塔（水箱）	高度	≥75m	≥35m	<35m
		吨位	≥150m³	≥75m³	<75m³
	烟囱	高度	≥100m	≥50m	<50m
	贮仓	高度	≥30m	≥15m	<15m
		容积	≥600m³	≥300m³	<300m³
	贮水（油）	容积	≥3000m³	≥1500m³	<1500m³
	沉井、沉箱		执行一类	—	—
	围墙、砖地沟、室外建筑工程		—	—	执行三类

（2）安装工程类别划分　建筑安装工程类别划分，详见表1-2。

表1-2　安装工程类别划分

工程类别	工程类别标准
一类工程	1.台重35t及其以上的各类机械设备（不分整体或解体）以及自动、半自动或程控机床，引进设备； 2.自动、半自动电梯，输送设备以及起重质量50t及其以上的起重设备及相应的轨道安装； 3.净化、超净、恒温和集中空调设备及其空调系统； 4.自动化控制装置和仪表安装工程； 5.砌体总实物量在50m³及其以上的炉窑、塔、设备砌筑工程和耐热、耐酸碱砌体衬里； 6.热力设备（蒸发量10t/h以上的锅炉）及其附属设备； 7.1000kV·A以上的变配电设备； 8.化工制药和炼油装置； 9.各种压力容器的制作和安装； 10.煤气发生炉、制氧设备、制冷量231.6kW·h以上的制冷设备、高中压空气压缩机、污水处理设备及其配套的气柜、储罐、冷却塔等； 11.焊口有探伤要求的厂区（室外）工艺管道、热力管网、煤气管网、供水（含循环水）管网及厂区（室外）电缆敷设工程； 12.附属于本类型工程各种设备的配管、电气安装和调试及刷油、绝热、防腐蚀等工程； 13.一类建筑工程的附属设备、照明、采暖、通风、给排水及消防等工程
二类工程	1.台重35t以下的各类机械设备（不分整体或解体）； 2.小型杂物电梯，起重质量50t以下的起重设备及相应的轨道安装； 3.蒸发量10t/h及其以下的低压锅炉安装； 4.1000kV·A及其以下的变配电设备； 5.工艺金属结构，一般容器的制作和安装； 6.焊口无探伤要求的厂区（室外）工艺管道、热力管网、供水（含循环水）管网； 7.共用天线安装和调试； 8.低压空气压缩机、乙炔发生设备、各类泵、供热（换热）装置以及制冷量231.6kW·h及其以下的制冷设备； 9.附属于本类型工程各种设备的配管、电气安装和调试及刷油、绝热、防腐蚀等工程； 10.砌体总实物量在20m³及其以上的炉窑、塔、设备砌筑工程和耐热、耐酸碱砌体衬里； 11.二类建筑工程的附属设备、照明、采暖、通风、给排水等工程
三类工程	1.除一、二类工程以外均为三类工程； 2.三类建筑工程的附属设备、照明、采暖、通风、给排水等工程

注：上述单位工程中同时安装两台或两台以上不同类型的热力设备、制冷设备、变配电设备以及空气压缩机等，均按其中较高类型费用标准计算。

1.4.3 建筑安装工程费用费率

建筑安装工程费用费率根据工程类别划分，详见表1-3。

表1-3　建筑安装工程费用费率标准

序号	费用项目	计算基数	费用标准 /%		
			一类工程	二类工程	三类工程
1	直接费	—	—	—	—
2	企业管理费	直接费中人工费加机械费	22	17	15
3	规费		27（投标报价、结算时按核准费率计取）		
4	利润		12	11	10
5	税金	3.48%（市区）、3.41%（县城、镇）、3.28%（不在市区、县城、镇）			

1.4.4 建筑安装工程费计价程序

定额计价模式下建筑安装工程费计价程序，详见表1-4。

表1-4　建筑安装工程费计价程序

序号	费用项目	计算方法
1	直接费	
1.1	直接费中人工费加机械费	
2	企业管理费	1.1×费率
3	规费	1.1×费率
4	利润	1.1×费率
5	价款调整	按合同约定的方式方法计算
6	安全生产、文明施工费	（1+2+3+4+5）×费率
7	税金	（1+2+3+4+5+6）×费率
8	工程造价	1+2+3+4+5+6+7

根据《关于做好建筑业营改增建设工程计价依据调整准备工作的通知》，《建筑业营改增河北省建筑工程计价依据调整办法》的通知等相关规定，河北省将计价程序按照增值税计税方法调整为一般计税方法和简易计税方法。

1.4.4.1 一般计税方法

基本计算公式为：税金 = 应纳税额 + 附加税费（包括城市维护建设税、教育费附加和地方教育附加）。

（1）增值税应纳税额和附加税费计算　具体计算公式如下：

$$增值税应纳税额 = 销项税额 - 进项税额$$

$$销项税额 = （税前工程造价 - 进项税额）\times 11\%$$

附加税费 = 增值税应纳税额 × 附加税费计取费率

增值税应纳税额小于 0 时，按 0 计算。附加税费计取费率如表 1-5 所示。

表1-5　附加税费计取费率

项目名称	计算基数	费率		
		市区	县城、镇	不在市区、县城、镇
费率	应纳税额	13.50%	11.23%	6.71%

（2）进项税额计算　计算公式如下：

$$进项税额 = 含税价格 \times 除税系数$$

各费用含税价格组成内容及计算方法与营业税相同，除税系数即各项费用扣除所包含进项税额的计算系数。

① 人工费、规费、利润、总承包服务费进项税额均为 0。

② 材料费、设备费按表 1-6 中的除税系数计算进项税额。

表1-6　材料、设备除税系数

材料名称	依据文件	税率	除税系数
建筑用和生产建筑材料所用的砂、土、石料、自来水、商品混凝土（仅限于以水泥为原料生产的水泥混凝土）； 以自己采掘的砂、土、石料或其他矿物连续生产的砖、瓦、石灰（不含黏土实心砖、瓦）	《关于简并增值税征收率政策的通知》	3%	2.86%
农膜、草皮、麦秸（糠）、稻草（壳）、暖气、冷气、热水、煤气、石油液化气、天然气、沼气、居民用煤炭制品	《关于部分货物适用增值税低税率和简易办法征收增值税政策的通知》《财政部 国家税务总局关于印发〈农业产品征税范围注释〉的通知》	13%	11.28%
其余材料（含租赁材料）	《关于部分货物适用增值税低税率和简易办法征收增值税政策的通知》《关于全面推开营业税改征增值税试点的通知》	17%	14.25%
以"元"为单位的专项材料费			4%
以费率计算的措施费中的材料费			6%
设备		17%	14.34%

③ 机械费，施工机械台班单价除税系数按表 1-7 计算，以费率计算的措施费中机械费除税系数为 4%。

表1-7　机械台班单价调整方法及适用税率

序号	台班单价	调整方法及适用税率
1	机械	各组成内容按以下方法分别扣减
1.1	折旧费	以购进货物适用的税率17%扣减
1.2	大修费	考虑全部委外维修，以接受修理修配劳务适用的税率17%扣减
1.3	经常修理费	考虑委外维修费用占70%，以接受修理修配劳务适用的税率17%扣减
1.4	安拆费及场外运输费	按自行安拆运输考虑，一般不予扣减
1.5	人工费	组成内容为工资总额，不予扣减
1.6	燃料动力费	以购进货物适用的相应税率或征收率扣减

续表

序号	台班单价	调整方法及适用税率
1.7	车船税费	税收费率，不予扣减
2	租赁机械	以接受租赁有形动产适用的税率扣减
3	仪器仪表	按以下方法分别扣减
3.1	摊销费	以购进货物适用的税率扣减
3.2	维修费	以接受修理修配劳务适用的税率扣减

④ 企业管理费除税系数为 2.5%。

⑤ 安全生产、文明施工废除税系数为 3%。

⑥ 暂列金额、专业工程暂估价在编制最高投标限价及投标报价时按除税系数 3% 计算，结算时据实调整。

⑦ 在计算甲供材料、甲供设备费用的销项税额和进项税额时，其对应的销项税额和进项税额均为 0。采用工料单价法计价的，甲供材料、甲供设备的采保费按规定另行计算，并计取销项税额。

1.4.4.2　计价程序

表 1-8 为营改增后增值税进项税额计算汇总表，表 1-9 为材料、机械、设备增值税计算表，调整后工程造价计算表见表 1-10。

表1-8　增值税进项税额计算汇总表（营改增后）

序号	费用项目	计算方法
1	直接费	1.1+1.2+1.3
1.1	人工费	
1.2	材料费	
1.3	机械费	
2	企业管理费	（1.1+1.3）×费率
3	规费	（1.1+1.3）×费率
4	利润	（1.1+1.3）×费率
5	价款调整	按合同约定的方式、方法计算
6	安全生产、文明施工费	（1+2+3+4+5）×费率
7	税前工程造价	1+2+3+4+5+6
7.1	其中：进项税额	见表1-9
8	销项税额	（7-7.1）×11%
9	应纳税额	8-7.1
10	附加税费	9×费率
11	税金	9+10
12	工程造价	7+11

表1-9　材料、机械、设备增值税计算表

序号	项目名称	金额/元
1	材料费进项税额	
2	机械费进项税额	
3	设备费进项税额	
4	安全生产、文明施工费进项税额	
5	其他以费率计算的措施费进项税额	
6	企业管理费进项税额	
	合计	

表1-10　调整后工程造价计算表

编码	名称及型号规格	单位	数量	除税系数	含税价格/元	含税价格合计/元	除税价格/元	除税价格合计/元	进项税额合计/元	销项税额合计/元
合计	—	—	—	—	—		—			

1.4.4.3　简易计税方法

建筑工程造价除税金费率调整外，仍按营改增前的计价程序（表1-4）和办法计算。调整后的税金费率如表1-11所示。

表1-11　税金费率

项目名称	计算基数	费率		
		市区	县城、镇	不在市区、县城、镇
税金	税前工程造价	3.38%	3.31%	3.19%

能力训练题

一、名词解释

　　1. 基本建设：＿＿＿＿＿＿＿＿＿＿＿。
　　2. 设计概算：＿＿＿＿＿＿＿＿＿＿＿。

二、简述

　　1. 简述基本建设程序。
　　2. 简述工程建设项目是如何划分的。

3. 简述我国现行建筑工程项目造价的构成。

三、填空题

1. _____是指在一个建设项目中，具有独立的设计文件，竣工后可以独立发挥生产能力或使用效益的项目，它是建设项目的组成部分，如办公楼等。单项工程造价是由编制单项工程综合概（预）算确定的。

2. 工程结算一般有_____、_____、_____等方式。

3. 竣工决算是指在竣工验收阶段，当一个建设项目完工并经验收后，_____单位编制的从筹建到竣工验收、交付使用全过程实际支出的建设费用的经济文件。

4. 预备费包括_____和_____。

5. 措施项目费是指为完成工程项目施工，发生于该工程施工前和施工过程中的安全、技术、生活等方面的非工程实体项目所需的费用。措施费包括_____和_____。

6. 不可竞争措施费包括_____和_____。

7. 建筑安装工程费按照费用构成要素由_____、_____、_____、_____、_____和税金组成。

8. 建筑安装工程费按照工程造价形成由_____、_____、_____、_____和税金组成。

四、多选题

1. 下列属于可竞争措施费的是（　　　）。
   A. 操作高度增加费　　　　　　　B. 超高费
   C. 脚手架搭拆费　　　　　　　　D. 文明施工费

2. 下列选项中属于不可竞争措施费的是（　　　）。
   A. 安全生产施工费　　　　　　　B. 文明施工费
   C. 超高费　　　　　　　　　　　D. 临时设施费

3. 社会保障费包括（　　　）以及工伤保险费。
   A. 养老保险费　　　　　　　　　B. 失业保险费
   C. 医疗保险费　　　　　　　　　D. 生育保险费

项目 ② 工程量清单计价概述

知识目标

1. 了解工程量清单的概念，了解其编制依据；
2. 熟悉工程量清单的组成；
3. 理解工程量清单计价与定额计价的区别；
4. 掌握工程量清单计价的组成；
5. 掌握工程量清单综合单价组价方法。

技能目标

1. 能够使用工程量清单计价规范编制工程量清单；
2. 能够根据工程量清单进行报价。

情感目标

通过学习工程量清单计价，使学生了解工程量清单计价的发展过程，激起学生的好奇心，培养学生自主学习的兴趣。通过学习小组多方位合作，培养学生团队合作、互助互学的精神，形成良好的学习习惯，形成正确的世界观、价值观和人生观。

2.1 工程量清单

2.1.1 工程量清单的概念

工程量清单（BOQ，bill of quantity）是表现拟建工程的分部分项工程项目、措施项目、其他项目以及规费、税金项目名称和相应数量等内容的明细清单。

工程量清单的描述对象是拟建工程，其内容涉及清单项目的性质、数量，并以表格为主要形式。工程量清单可分为招标工程量清单和已标价工程量清单。

2.1.2 工程量清单计价

工程量清单计价是指完成工程量清单所需的全部费用，包括分部分项工程费、措施项目费、其他项目费、规费和税金。

工程量清单计价方式，是在建设工程招投标中，招标人自行或委托具有资质的中介机构编制反映工程实体消耗和措施性消耗的工程量清单，并作为招标文件的一部分提供给投标人，由投标人依据工程量清单自主报价的计价方式。在工程招标中采用工程量清单计价是国际上较为通行的做法。

《建设工程工程量清单计价规范》（GB 50500—2013）规定：使用国有资产投资的建设工程承发包，必须采用工程量清单计价；非国有资金投资的工程建设工程，宜采用工程量清单计价。

在建设工程招投标过程中，除投标人根据招标人提供的工程量清单编制的"投标价"进行投标外，招标人应根据工程量清单编制"招标控制价"。招标控制价是公开的最高限价，体现了公开、公正的原则。投标人的投标报价若高于招标控制价的，其投标应予拒绝。

招标控制价是招标人（甲方）根据国家或省级、行业建设主管部门颁发的有关计价依据和办法，以及拟定的招标文件和招标工程量清单，结合工程具体情况编制的招标工程的最高投标限价。招标控制价应由具有编制能力的招标人或受其委托具有相应资质的工程造价咨询人编制和复核。招标控制价必须在招标文件中公布，并向工程所在地或有该工程管辖权的行业管理部门工程造价管理机构备案，且不应上调或者下浮。

投标价是在工程采用招标发包的过程中，由投标人（乙方）或由其委托的具有相应资质的工程造价咨询人响应招标文件的要求，根据工程特点，并结合自身的施工技术、装备和管理水平，依据有关计价规范所报出的对已标价工程量清单汇总后标明的总价。投标人必须按招标工程量清单填报价格。项目编码、项目名称、项目特征、计量单位、工程量必须与招标工程量清单一致。投标报价不得低于工程成本，高于招标控制价的应予废标。

2.1.3　工程量清单计价的特征

工程量清单报价是指在建设工程投标时，招标人依据工程施工图纸，按照招标文件的要求，按现行的工程量计算规则为投标人提供实物工程量项目和技术措施项目的数量清单，供投标单位逐项填写单价，并计算出总价，再通过评标，最后确定合同价。工程量清单报价作为一种全新的较为客观合理的计价方式，它有如下特征：

① 工程量清单均采用综合单价形式，综合单价中包括了工程直接费、间接费、企业管理费、利润以及一定范围内的风险费用。

② 工程量清单报价要求投标单位根据市场行情与自身实力报价，这就要求投标人注重工程单价的分析，在报价中反映出本投标单位的实际生产能力，从而在招投标工作中体现公平竞争的原则，择优选择承包商。

③ 工程量清单具有合同化的法定性，本质上是单价合同的计价模式，中标后的单价一经合同确认，在竣工结算时是不能调整的，即量变价不变。

④ 工程量清单报价有利于招投标工作，避免招投标过程中盲目压价、弄虚作假、暗箱操作等不规范行为发生。

⑤ 工程量清单报价有利于加强工程合同的管理，明确承发包双方的责任，实现风险的合理分担，即量由发包方或招标方确定，工程量的误差由发包方承担，工程报价的风险由投

标方承担。

⑥ 工程量清单报价将推动计价依据的改革发展，推动企业编制自己的企业定额，提高自己的工程技术水平和经营管理能力。

2.1.4 工程量清单的组成

工程量清单由分部分项工程量清单、措施项目清单、其他项目清单、规费项目清单和税金项目清单五部分组成。

2.1.4.1 编制工程量清单要做到"六统一"

① 表格统一；
② 项目编码统一；
③ 项目名称统一；
④ 项目特征描述统一；
⑤ 计量单位统一；
⑥ 工程量计算规则统一。

2.1.4.2 工程量清单项目编码的含义

工程量清单项目编码的含义见图 2-1。

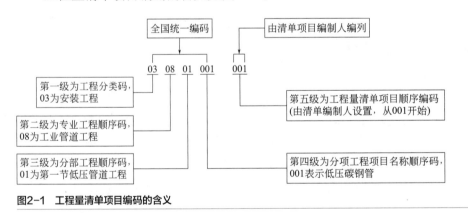

图2-1 工程量清单项目编码的含义

2.1.5 工程量清单的编制

采用工程量清单方式招标，工程量清单必须作为招标文件的组成部分，其准确性和完整性由招标人负责。

工程量清单在工程量清单计价中起到基础性作用，是整个工程量清单计价活动的重要依据之一，贯穿于整个施工过程中。招标人编制的工程量清单应包括：①封面；②总说明；③分部分项工程量清单与计价表；④措施项目清单与计价表；⑤其他项目清单与计价汇总表；⑥规费、税金项目清单与计价表。

　　工程量清单的表格，为投标人进行投标报价提供了一个合适的计价平台，投标人可根据表格之间的逻辑联系和从属关系，在其指导下完成分部组合计价的全过程。

2.1.5.1　封面

　　工程量清单封面如图2-2所示。

　　　　　　　　　　　　　　　　　　　　　　　　　　　　　　工程

工　程　量　清　单

招　标　人：_____　　　工程造价咨询人：_____

　　　　(单位盖章)　　　　　　　　　　　(单位资质专用章)

法定代表人
或其授权人：_____　　　法定代表人
或其授权人：_____

　　　　(签字或盖章)　　　　　　　　　　(签字或盖章)

编　制　人：_____　　　复　核　人：_____

　　(造价人员签字盖专用章)　　　　　(造价工程师签字盖专用章)

编制时间：　年　月　日　　　复核时间：　年　月　日

封-1

图2-2　工程量清单封面

2.1.5.2 总说明

总说明的作用主要是阐明本工程的基本情况，其具体内容应视拟建项目实际情况而定，但就一般情况来说，应说明的内容包括：

① 工程概况，如建设规模、工程特征、计划工期、施工现场实际情况、交通运输情况、自然地理条件、环境保护要求等。

② 工程招标和分包范围。

③ 工程量清单编制依据，如采用的标准、施工图纸、标准图集等。

④ 工程质量、材料、施工等的特殊要求。

⑤ 招标人自行采购材料的名称、规格型号、数量等。

⑥ 其他需要说明的问题。

工程量清单总说明如图 2-3 所示。

总　说　明

工程名称　　　　　　　　　　　　　　第　页共　页

表-01

图2-3　工程量清单总说明

2.1.5.3　分部分项工程量清单与计价表

分部分项工程量清单与计价表应包括分项工程的项目编码、项目名称、项目特征描述、计量单位和工程量，并且均应根据相关工程现行国家计量规范的规定进行编制，详见图 2-4。

分部分项工程量清单与计价表

工程名称：　　　　　　　　　　标段：　　　　　　　　　　第　页共　页

序号	项目编码	项目名称	项目特征描述	计量单位	工程量	综合单价	合价	其中 暂估价
		本页小计						
		合计						

（金额/元 为"综合单价""合价""其中 暂估价"三栏的合计表头）

注：根据住建部、财政部发布的《建筑安装工程费用组成》的规定，为计取规费等的使用，可在表中增设"直接费""人工费"或"人工费+机械费"。

表-08

图2-4　分部分项工程量清单与计价表

2.1.5.4 措施项目清单与计价表

措施项目是指为完成工程项目施工，发生于该工程施工准备和施工过程中的技术、生活、安全、环境保护等方面的项目，详见图 2-5。

措施项目清单与计价表(一)

工程名称：　　　　　　　标段：　　　　　　第　页共　页

序号	项目编码	项目名称	计算基础	费率/%	金额/元
		安全文明施工费			
		夜间施工费			
		二次搬运费			
		冬雨季施工			
		大型机械设备进出场及安拆费			
		施工排水			
		施工降水			
		地上、地下设施、建筑物的临时保护设施			
		已完工程及设备保护			
		各专业工程的措施项目			
	合 计				

注：1.本表适用于以"项"计价的措施项目；
2.根据住建部、财政部发布的《建筑安装工程费用组成》的规定，"计算基础"可为"直接费""人工费"或"人工费+机械费"。

图2-5 措施项目清单与计价表

2.1.5.5 其他项目清单与计价汇总表

其他项目清单是指"分部分项工程量清单"和"措施项目清单"所包含的内容以外，因招标人的特殊要求而发生的与拟建安装工程有关的其他费用项目和相应数量的清单。其他项目清单应按暂列金额、暂估价（包括材料暂估价、工程设备暂估价、专业工程暂估价）、计日工和总承包服务费四项内容列项，详见图2-6。

其他项目清单与计价汇总表

工程名称：　　　　　　　　标段：　　　　　　　　第　页共　页

序号	项目名称	计量单位	金额/元	备注
1	暂列金额	项		明细详见表-12-1
2	暂估价			
2.1	材料(工程设备)暂估价			明细详见表-12-2
2.2	专业工程暂估价			明细详见表-12-3
3	计日工			明细详见表-12-4
4	总承包服务费			明细详见表-12-5
5	…			
	合计			—

注：材料暂估单价进入清单项目综合单价，此处不汇总。　　　　　表-12

图2-6　其他项目清单与计价汇总表

（1）暂列金额　是招标人在工程量清单中暂定并包括在合同价款中的一笔款项。用于工程合同签订时尚未确定或者不可预见的所需材料、工程设备、服务的采购，施工中可能发生的工程变更、合同约定调整因素出现时的合同价款调整以及发生的索赔、现场签证确认等的费用。

（2）暂估价　招标人在工程量清单中提供的用于支付必然发生但暂时不能确定价格的材料、工程设备的单价及专业工程的金额。

（3）计日工　在施工过程中，承包人完成发包人提出的工程合同范围以外的零星项目或工作，按合同中约定的单价计价的一种方式。

（4）总承包服务费　总承包人为配合协调发包人进行的专业工程发包，对发包人自行采购的材料、工程设备等进行保管以及施工现场管理、竣工资料汇总整理等服务所需的费用。

2.1.5.6 规费、税金项目清单与计价表

规费是指按国家法律、法规规定，由省级政府和省级有关权力部门规定必须缴纳或计取的费用。规费项目清单应按照下列内容列项：社会保险费（包括养老保险费、失业保险费、医疗保险费、生育保险费、工伤保险费）、住房公积金、工程排污费。

税金是指国家税法规定的应计入建筑安装工程造价内的营业税、城市维护建设税、教育费附加以及地方教育附加。

规费、税金项目清单与计价表见图2-7。

规费、税金项目清单与计价表

工程名称：　　　　　　　　　　标段：　　　　　　　　　　第　页共　页

序号	项目名称	计算基础	费率/%	金额/元
1	规费			
1.1	工程排污费			
1.2	社会保障费			
(1)	养老保险费			
(2)	失业保险费			
(3)	医疗保险费			
1.3	住房公积金			
1.4	工伤保险			
…	…			
2	税金	分部分项工程费+措施项目费+其他项目费+规费		
…	…			

注：根据住建部、财政部发布的《建筑安装工程费用组成》的规定，"计算基础"可为"直接费""人工费"或"人工费+机械费"。

图2-7　规费、税金项目清单与计价表

2.2 工程量清单计价

工程量清单计价是指完成由招标人提供的工程量清单所需的全部费用，其计价过程包括工程单价的确定和总价的计算。

工程量清单计价采用综合单价法计算，综合单价是指完成一个规定清单项目所需的人工费、材料和设备费、施工机具使用费和企业管理费与利润，以及一定范围内的风险费用。风险费用是隐含于已标价工程量清单综合单价中，用于化解发承包双方在工程合同中约定内容和范围内的市场价格波动风险的费用。

综合单价包括除规费和税金以外的全部费用。工程量清单综合单价分析表见图2-8。

工程量清单综合单价分析表

工程名称：　　　　　标段：　　　　　第 页共 页

| 项目编码 | | 项目名称 | | | | 计量单位 | |

清单综合单价组成明细

定额编号	定额名称	定额单位	数量	单价/元				合价/元			
				人工费	材料费	机械费	管理费和利润	人工费	材料费	机械费	管理费和利润

人工单价		小计	
元/工日		未计价材料费	
清单项目综合单价			

材料费明细	主要材料名称、规格、型号	单位	数量	单价/元	合价/元	暂估单价/元	暂估合价/元
	其他材料费			—		—	
	材料费小计			—		—	

注：1.如不使用省级或行业建设主管部门发布的计价依据，可不填定额项目、编号等；
2.招标文件提供了暂估单价的材料，按暂估的单价填入表内"暂估单价"栏及"暂估合价"栏。

图2-8　工程量清单综合单价分析表

项目 **③**

建筑安装工程定额

知识目标

1. 了解工程定额的分类与作用；

2. 熟悉安装工程预算定额的构成；

3. 掌握安装工程计价程序。

技能目标

1. 会使用预算定额计算直接工程费；

2. 会计算人工消耗量和材料消耗量。

情感目标

通过分组讨论学习，使学生了解预算定额的构成，激起学生的求知欲和好奇心，培养学生学习的兴趣，让每个学生充分融入学习情境中。通过多方位合作，培养学生团结协作、互助友爱的精神，形成正确的世界观、价值观和人生观，以适应社会发展的需要。

3.1 安装工程预算定额概述

3.1.1 建筑工程定额的概念

定额，就是规定的额度。建筑工程定额是指在正常施工条件下，完成单位合格产品所必须消耗的劳动力、材料、机械台班的数量标准。这种量的规定，反映出完成建设工程中的某项合格产品与各种生产消耗之间特定的数量关系。建筑工程定额是根据国家一定时期的管理体系和管理制度，根据定额的不同用途和适用范围，由国家指定的机构按照一定程序编制的，并按照规定的程序审批和颁发执行。在建筑工程中实行定额管理的目的，是为了在施工中力求最少的人力、物力和资金消耗量，生产出更多、更好的建筑产品，取得最好的经济效益。

3.1.2　建筑工程定额的特性

（1）科学性　工程建设定额的科学性，首先表现在用科学的态度制定定额，尊重客观实际，力求定额水平合理；其次表现在制定定额的技术方法上，利用现代科学管理的成就，形成一套系统的、完整的、在实践中行之有效的方法；第三，表现在定额制定和贯彻的一体化。

（2）系统性　工程建设定额是相对独立的系统。它是由多种定额结合而成的有机的整体。它的结构复杂，有鲜明的层次，有明确的目标。

工程建设定额的系统性是由工程建设的特点决定的。按照系统论的观点，工程建设就是庞大的实体系统，工程建设定额是为这个实体系统服务的。因而工程建设本身的多种类、多层次就决定了以它为服务对象的工程建设定额的多种类、多层次。从整个国民经济来看，进行固定资产生产和再生产的工程建设，是由多项工程集合的整体，其中包括农林、水利、电力、冶金、建材工业、交通运输，以及科学教育文化、卫生体育、社会福利和住宅工程等等。这些工程的建设都有严格的项目划分，如建设项目、单项工程、单位工程、分部分项工程；在计划和实施过程中有严密的逻辑阶段，如规划、可行性研究、设计、施工、竣工交付使用以及投入使用后的维修。与此相适应，必然形成工程建设定额的多种类、多层次。

（3）统一性　工程建设定额的统一性，主要是由国家对经济发展计划的宏观调控职能决定的。为了使国民经济按照既定的目标发展，就需要借助于某些标准、定额、参数等，对工程建设进行规划、组织、调节、控制。而这些标准、定额、参数必须在一定范围内是一种统一的尺度，这样才能实现上述职能，才能利用它对项目的决策、设计方案、投标报价、成本控制进行比较和评价。

工程建设定额的统一性按照其影响力和执行范围来看，有全国统一定额、地区统一定额和行业统一定额等；按照定额的制定、颁布和贯彻使用来看，有统一的程序、统一的原则、统一的要求和统一的用途。

（4）权威性　工程建设定额具有很大的权威性，这种权威性在一些情况下具有经济法规性质。权威性反映统一的意志和统一的要求，也反映信誉和信赖程度以及反映定额的严肃性。

工程建设定额的权威性的客观基础是定额的科学性，只有科学的定额才具有权威。但是在社会主义市场经济条件下，它必须涉及各有关方面的经济关系和利益关系。赋予工程建设定额以一定的权威性，就意味着在规定的范围内，对于定额的使用者和执行者来说，不论主观上愿意不愿意，都必须按定额的规定执行。在当前市场不规范的情况下，赋予工程建设定额以权威性是十分重要的。但在竞争机制引入工程建设的情况下，定额的水平必然会受市场供求状况的影响，从而在执行中可能产生定额水平的浮动。

应该提出的是，在社会主义市场经济条件下，对定额的权威性不应绝对化。定额的科学性会受到人们认识的局限，定额的权威性会受到限制。随着投资体制的改革和投资主体多元化格局的形成，随着企业经营机制的转换，它们都可以根据市场的变化和自身的情况，自主地调整自己的决策行为。一些与经营决策有关的工程建设定额的权威性特征，自然也就弱化了。但直接与施工生产相关的定额，在企业经营制转换和增长方式的要求下，其权威性还必须进一步强化。

（5）群众性　定额的拟定和执行，都要有广泛的群众基础。定额的拟定，通常采取工人、技术人员和专职定额人员三结合方式，使拟定定额时能够从实际出发，反映建筑安装工人的实际水平，并保持一定的先进性，使定额容易为广大职工所掌握。

（6）稳定性和时效性   工程建设定额中的任何一种都是一定时期技术发展和管理水平的反映，因而在一段时间内都表现出稳定的状态。稳定的时间有长有短，一般在5年至10年。保持定额的稳定性是维护定额的权威性所必需的，更是有效地贯彻定额所必需的。如果某种定额处于经常修改变动之中，那么必然造成执行中的困难和混乱，使人们感到没有必要去认真对待它，很容易导致定额权威性的丧失。工程建设定额的不稳定也会给定额的编制工作带来极大的困难。但是工程建设定额的稳定性是相对的。当生产力向前发展了，定额就会与已经发展了的生产力不相适应。这样，原有的作用就会逐步减弱以至消失，需要重新编制或修订。

3.1.3   工程建设定额的种类

建筑工程定额是一个综合概念，是建筑工程中生产消耗性定额的总称。它包括的定额种类很多。为了对建筑工程定额从概念上有一个全面地了解，根据其内容、形式、用途和使用要求，有以下几种分类方法，如图3-1所示。

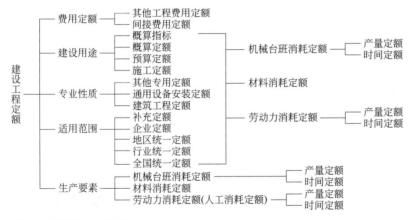

图3-1   建筑工程定额分类

3.1.3.1   按生产要素分类

建筑工程定额按生产要素可分为劳动力消耗定额、材料消耗定额和机械台班消耗定额。

（1）劳动力消耗定额   即人工消耗定额，是指完成一定的合格产品所消耗的人工数量标准。劳动定额按照用途不同，又分为时间定额和产量定额两种形式。

（2）材料消耗定额   是指在合理的施工条件以及合理劳动组织条件下，完成单位合格产品所必须消耗的材料的数量标准。

（3）机械台班消耗定额   是指为完成一定合格产品（工程实体或劳务）所规定的施工机械消耗的数量标准。

3.1.3.2　按建设用途分类

按建设用途可以把工程定额分为施工定额、预算定额、概算定额和概算指标。

（1）施工定额　是指以一组分项工程的施工过程、专业工种为基准，完成单位合格产品所需消耗的人工、材料、机械台班的数量标准。

施工定额是工程建设定额中分项最细、定额子目最多的一种定额，是建筑企业中最基本的定额，也是编制预算定额的基础。

（2）预算定额　是以各分部分项工程为单位编制的，定额中包括所需人工工日数、各种材料的消耗量和机械台班数量，同时还有相应地区的基价。

预算定额是以施工定额为基础编制的，它是施工定额的综合和扩大，用以编制施工图预算，确定建筑工程造价，编制施工组织设计和工程竣工决算。预算定额是编制概算定额和概算指标的基础。

（3）概算定额　是以扩大结构构件、分部工程或扩大分项工程为单位编制的，它包括人工、材料和机械台班消耗量，并列有工程费用。

概算定额是以预算定额为基础编制的，它是预算定额的综合和扩大，用以编制概算，进行设计方案经济比较；也可作为编制主要材料申请计划的依据。

（4）概算指标　是比概算定额更综合的指标，是以整个房屋或构筑物为单位编制的，包括劳动力、材料和机械台班定额三个组成部分，还列出了各结构部分的工程量和以每百平方米建筑面积或每座构筑物体积为计量单位而规定的造价指标。

3.1.3.3　按适用范围分类

按适用范围不同，可分为全国统一定额、行业统一定额、地区统一定额、企业定额和补充定额五种。

3.1.3.4　按照费用定额分类

按照费用定额，可分为直接费定额（其他工程费用定额）和间接费定额。

3.1.3.5　按照专业性质分类

按照专业性质，可分为建筑工程定额、通用设备安装定额、其他专用定额。

3.1.4　河北省安装工程定额简介

《全国统一安装工程预算定额河北省消耗量定额》（2012）是在《全国统一安装工程预算定额》（GYD-201～211-2000、GYD-213-2003）基础上，结合河北省设计、施工、招投标的实际情况，根据国家现行国家产品标准、设计规范和施工验收规范、质量评定标准、安全操作规程编制的，共分12册，包括：

第一册　《机械设备安装工程》

第二册 《电气设备安装工程》
第三册 《热力设备安装工程》
第四册 《炉窑砌筑工程》
第五册 《静置设备与工艺金属结构制作安装工程》
第六册 《工业管道工程》
第七册 《消防设备安装工程》
第八册 《给排水、采暖、燃气工程》
第九册 《通风空调工程》
第十册 《自动化控制仪表安装工程》
第十一册 《刷油、防腐蚀、绝热工程》
第十二册 《建筑智能化系统设备安装工程》

3.2　建筑安装工程定额消耗量指标的确定

建筑工程消耗量定额也就是施工定额，是由人工消耗量定额、材料消耗量定额和机械台班消耗量定额组成，是最基本的定额，是施工企业直接用于建筑工程施工管理的一种定额。消耗量定额是以同一性质的施工过程或工序为测定对象，确定建筑安装工人在正常施工条件下，为完成单位合格产品所需人工、材料、机械消耗和数量标准。

3.2.1　人工消耗量指标的确定

人工消耗量定额也称劳动消耗定额，是建筑安装工程统一劳动定额的简称。它是指完成施工分项工程所需消耗的人力资源量，也就是指在正常的施工条件下，某等级工人在单位时间内完成单位合格产品的数量或完成单位合格产品所需的劳动时间。这个标准是国家和企业对工人在单位时间内的劳动数量、质量的综合要求，也是建筑施工企业内部组织生产、编制施工作业计划、签发施工任务单、考核工效、计算超额奖或计算工资，以及承包中计算人工和进行经济核算等的依据。

3.2.1.1　人工消耗量定额的分类及其关系

（1）人工消耗量定额的分类　人工消耗量定额按其表现形式的不同，分为时间定额和产量定额。

时间定额是指某工种某一等级的工人或工人小组在合理的劳动组织等施工条件下，完成单位合格产品所必须消耗的工作时间。定额时间包括准备与结束工作时间、基本作业时间、不可避免的中断时间及必需的休息时间等。

时间定额一般采用"工日"为计量单位，即工日 $/m^3$、工日 $/m^2$、工日 $/m$……，每一工日工作时间按 8h 计算，用公式表示如下：

$$单位产品时间定额（工日）= \frac{1}{每工日产量} \qquad (3-1)$$

或
$$单位产品时间定额（工日）= \frac{小组成员工日数总和}{小组台班产量} \qquad (3-2)$$

产量定额是指某工种某一等级的工人或工人小组在合理的劳动组织施工条件下，在单位时间内完成合格产品的数量。产量定额的计量单位，通常是以一个工日完成合格产品的数量标志，即 $m^3/$工日、$m^2/$工日、$m/$工日……，每一个工日工作时间按 8h 计算，用公式表示如下：

$$产量定额 = \frac{产品数量}{劳动时间} \qquad (3-3)$$

（2）时间定额和产量定额的关系

$$时间定额 \times 产量定额 = 1 \qquad (3-4)$$

$$时间定额 = \frac{1}{产量定额} \qquad (3-5)$$

3.2.1.2　人工消耗量定额的确定

安装工程预算定额人工消耗指标是指完成单位分项工程所必须消耗的人工数量标准，包括基本用工、超运距用工、辅助用工和人工幅度差。

人工工日消耗量=基本用工量+超运距用工量+辅助用工量+人工幅度差
=（基本用工量+超运距用工量+辅助用工）×（1+人工幅度差系数）

基本用工，是指完成某一合格分项工程所必须消耗的技术工种用工。

辅助用工，是指劳动定额内不包括但在预算定额内又必须考虑的工时，主要指基本用工以外的现场材料加工的用工量，如筛砂、淋灰用工等。

超运距用工，是指预算定额中规定的材料、半成品的平均水平运距超过劳动定额规定运输距离的用工。

人工幅度差，是指预算定额与劳动定额的差额，主要指在劳动定额中未包括，但在一般施工作业中又不可避免的而且无法计量的用工和各种损失用工。内容包括：

① 各工种间的工序搭接及交叉作业相互配合或影响所发生的停歇用工。
② 施工机械在单位工程之间转移及临时水电线路移动所造成的停工。
③ 质量检查和隐蔽工程验收工作的影响。
④ 班组操作地点转移用工。
⑤ 工序交接时对前一工序不可避免的修整用工。
⑥ 施工中不可避免的其他零星用工。

其计算采用乘系数的方法：人工幅度差 =（基本用工 + 辅助用工 + 超运距用工）× 人工幅度差系数。

人工幅度差系数根据经验选取，一般土建工程取 10%，设备安装工程取 12%。

3.2.2 材料消耗量指标的确定

3.2.2.1 施工中材料消耗的组成

材料消耗量指标是指在合理的施工条件和节约、合理使用材料的条件下，完成质量合格的单位产品所必须消耗的材料的数量标准。

施工中材料的消耗可分为必需消耗的材料和损失的材料两类。必需消耗的材料是指在合理用料的条件下生产合格产品所需消耗的材料，它包括直接用于建筑和安装工程的材料、不可避免的施工废料和不可避免的材料损耗。必需消耗的材料属于施工正常消耗，是确定材料消耗定额的基本数据。其中，直接用于建筑和安装工程的材料编制材料净用量定额、不可避免的施工废料和材料损耗编制材料损耗定额。

材料各种类型的损耗量之和称为材料损耗量，除去损耗量之后用于工程实体上的数量称为材料净用量，材料净用量与材料损耗量之和称为材料总消耗量，损耗量与总消耗量之比称为材料损耗率，它们的关系用公式表示就是：

$$损耗率 = \frac{损耗量}{总消耗量} \times 100\% \qquad (3-6)$$

$$总消耗量 = \frac{净用量}{1-损耗率} \qquad (3-7)$$

或
$$总消耗量 = 净用量 + 损耗量 \qquad (3-8)$$

为了简便，通常将损耗量与净用量之比作为损耗率，即

$$损耗率 = \frac{损耗量}{净用量} \times 100\% \qquad (3-9)$$

$$总消耗量 = 净用量 \times (1+损耗率) \qquad (3-10)$$

3.2.2.2 材料消耗量的确定

实体材料的净用量定额和材料损耗定额的计算数据是通过现场技术测定、实验室试验、现场统计和理论计算等方法获得的。

（1）现场技术测定法 又称为观测法，是根据对材料消耗过程的测定与观察，通过完成产品数量和材料消耗量的计算而确定各种材料消耗定额的一种方法。现场技术测定法主要适用于确定材料损耗量，因为该部分数值用统计法或其他方法较难得到。通过现场观察还可以区别出哪些是可以避免的损耗，哪些属于难以避免的损耗，明确定额中不应列入可以避免的损耗。

（2）实验室试验法 主要用于编制材料净用量定额。通过试验，能够对材料的结构、化学成分和物理性能以及按强度等级控制的混凝土、砂浆、沥青、油漆等配比做出科学的结论，给编制材料消耗定额提供有技术根据的、比较精确的计算数据。但其缺点在于无法估计

到施工现场某些因素对材料消耗量的影响。

（3）现场统计法　是以施工现场积累的分部分项工程使用材料数量、完成产品数量、完成工作原材料的剩余数量等统计资料为基础，经过整理分析获得材料消耗的数据的方法。这种方法由于不能分清材料消耗的性质，因而不能作为确定材料净用量定额和材料损耗定额的依据，只能作为编制定额的辅助性方法使用。

上述三种方法的选择必须符合国家有关标准规范，即材料的产品标准、计量要使用标准容器和称量设备，质量符合施工验收规范要求，以保证获得可靠的定额编制依据。

（4）理论计算法　是运用一定的数学公式计算材料消耗定额的方法。

3.2.3　机械台班消耗量指标的确定

机械台班消耗量定额，是指施工机械在正常的施工条件下，完成单位合格产品或某项工作所必须消耗的工作时间（台班数量），或者在单位时间内使用施工机械所应完成的合格产品的数量。它反映了合理地、均衡地组织作业和使用机械时，该种型号施工机械在单位时间内的生产效率。

预算定额中的机械台班消耗量，一般按《全国建筑安装工程统一劳动定额》中的机械台班量，并考虑一定的机械幅度差进行计算，即：

分项定额机械台班消耗量 = 施工定额中机械台班用量 + 机械幅度差

机械幅度差是指施工定额内没有包括，但实际中必须增加的机械台班费。主要是考虑在合理的施工组织条件下机械的停歇时间，主要包括：施工中机械转移工作面及配套机械相互影响损失的时间；在正常施工条件下机械施工中不可避免的工作间歇时间；检查工程质量影响机械操作时间；工程收尾工作不饱满所损失的时间；临时水电线路移动所发生的不可避免的机械操作间歇时间；冬雨季施工发动机械的时间；不同品牌机械的工效差；配合机械施工的工人劳动定额与预算定额的幅度差等。

大型机械台班消耗量，一般在劳动定额基础上，再增加机械幅度差；而安装工程中，一般涉及不到大型机械，而是中小型机械（如管子切割机、套丝机等），其与工人小组产量密切相关，可不考虑机械幅度差。

3.3　安装工程预算定额单价的确定

3.3.1　定额日工资单价的确定

定额日工资单价是指一个建筑安装工人一个工作日在预算定额中应计入的全部人工费用，主要包括计时工资或计件工资、奖金、津贴补贴、加班加点工资、特殊情况下支付的工资等。

（1）计时工资或计件工资　是指按计时工资标准和工作时间或对已做工作按计件单价支

付给个人的劳动报酬。

（2）奖金　是指对超额劳动和增收节支支付给个人的劳动报酬，如节约奖、劳动竞赛奖等。

（3）津贴补贴　是指为了补偿职工特殊或额外的劳动消耗和因其他特殊原因支付给个人的津贴，以及为了保证职工工资水平不受物价影响支付给个人的物价补贴。如流动施工津贴、特殊地区施工津贴、高温（寒）作业临时津贴、高空津贴等。

（4）加班加点工资　是指按规定支付的在法定节假日工作的加班工资和在法定日工作时间外延时工作的加点工资。

（5）特殊情况下支付的工资　是指根据国家法律、法规和政策规定，因病、工伤、产假、计划生育假、婚丧假、事假、探亲假、定期休假、停工学习、执行国家或社会义务等原因按计时工资标准或计时工资标准的一定比例支付的工资。

3.3.2　材料预算价格的确定

材料预算价格，是指材料由来源地（供应者仓库或提货地点）运至工地仓库或施工现场堆放地点后的出库价格，包括货源地至工地仓库之间的所有费用。这里的材料包括构件、半成品及成品。

材料预算价格由材料的原价、供销部门手续费、包装费、运杂费、采购及保管费等组成。

计算公式：

$$材料预算价格 = [材料原价 \times (1 + 供销部门手续费率) + 包装费 + 运杂费] \times$$
$$(1 + 采购及保管费率) - 包装品回收价值$$

（1）材料原价　材料原价是指材料、工程设备的出厂价格或商家供应价格。

材料供应价包括材料原价和供销部门手续费，具体计算公式如下：

$$供销部门手续费 = 材料原价 \times 供销部门手续费率$$
$$材料供应价 = 材料原价 \times (1 + 供销部门手续费率)$$

对于供销部门手续费率，我国规定：金属材料取 2.5%，建筑材料取 3%，木材取 3%，机电产品取 1.8%，轻工产品取 3%，化工产品取 2%。

（2）运杂费　运杂费是指材料由采购地点运至工地仓库的全程运输费用。运杂费用包括车船运费、调车和驳船费、装卸费、途中损耗费和附加工作费等内容。其中材料途中损耗费计算公式如下：

$$材料途中损耗费 = (原价 + 调车费 + 装卸费 + 运输费) \times 途中损耗率$$

（3）采购及保管费　是指为组织材料的采购、供应和保管所发生的各项必要费用。采购及保管费一般按材料与库价格的比率取定。

国家规定的综合采购保管费率为 2.5%（其中采购费率为 1%，保管费率为 1.5%）。由建设单位供应材料到现场仓库，施工单位只收保管费。计算公式为：

$$采购及保管费 = (原价 + 供销部门手续费 + 包装费 + 运杂费) \times 采购保管费率$$

3.3.3　施工机械台班预算价格的确定

施工机械台班预算价格是指在一个台班内为保证机械正常运转所支出和分摊的各种费用之和。每台班按8小时工作制计算。一个台班中为使机械正常运转所支出和分摊的各种费用之和，就是施工机械台班单价，或称台班使用费。机械台班费的比例，将随着施工机械化水平的提高而增加，所以，正确计算施工机械台班单价具有重要意义。

根据《2001年全国统一施工机械台班费用编制规则》的规定，施工机械台班单价由七项费用组成，这类费用按其性质分类，划分为第一类费用、第二类费用。

（1）第一类费用（又称固定费用或不变费用）　这类费用不因施工地点、条件的不同而发生大的变化。内容包括台班基本折旧费、台班大修理费、台班经常修理费、安拆费及场外运输费。

（2）第二类费用（又称变动费用或可变费用）　这类费用常因施工地点和条件的不同而有较大变化。内容包括人工费、燃料动力费、养路费、车船使用税、保险费等。具体费用介绍如下：

① 台班基本折旧费　是指机械在使用期内逐渐收回其原值，而分摊到每一台班的费用。计算公式：

$$台班基本折旧费 = \frac{机械原值 \times （1-残值率）}{使用总台班}$$

残值率的规定：特大型施工机械3%，中小型机械4%，运输机械2%，掘进机械5%。

② 台班大修理费　是指为保证机械完好和正常运转达到大修理间隔期，必须进行大修而支出各项费用的台班分摊额。计算公式：

$$台班大修理费 = \frac{一次大修理费 \times 大修理次数}{使用总台班}$$

③ 台班经常修理费　是指机械在寿命周期内除大修以外的各级保养、临时故障排除和机械停置期间的维护所需的各项费用、台班替换设备及工具附具费〔是指为保证机械正常运转所需的消耗性设备（如变压器、蓄电池、轮胎等）及随机使用的工具附具所消耗的费用〕、例保辅料费（是指为使机械正常运转及日常保养所需的润滑油脂及擦拭用布、棉纱等的台班摊销费）。

$$台班经常修理费=台班大修理费×经常修理费系数$$

④ 安拆费及场外运输费　安拆费是指施工机械进出工地及在工地安装、拆卸所需的工具、机具消耗和试运转费，安装、拆卸所需的辅助设施（基础底部、行走轨道、固定锚桩）分摊费用。

场外运输费是指机械整体或分件自停放场地运至施工现场，或由一个工地运至另一个工地，运距在25km以内的机械进场和出场运输及转移费用（包括机械的装卸、运输、辅助材料及架线费等）。

⑤ 人工费　是指专业操作机械的司机、司炉及操作机械的其他人员的工资。

⑥ 燃料动力费　是指施工机械在运转作业中所耗用的固体燃料（煤、木柴）、液体燃料（汽油、柴油）及水、电等费用。

⑦ 养路费、车船使用税及保险费　是指施工机械按照国家有关规定应缴纳的养路费、车船使用税、保险费及年检费等。

3.4　安装工程预算定额基价的确定

3.4.1　安装工程预算定额基价

预算定额基价是预算定额子目中三项消耗量（人工、材料以及机械台班）在定额编制中中心地区的货币形态表现。计算公式：

预算定额基价=定额人工费+定额材料费+定额机械台班费

（1）定额人工费　定额人工费指直接从事建筑安装工程施工的生产工人开支的各项费用，包括基本工资、工资性补贴、辅助工资、职工福利费和劳动保护费等。计算公式：

定额人工费 = 定额人工消耗量 × 日工资单价

（2）定额材料费　指施工过程中耗费的构成工程实体的原材料、辅助材料、构配件、零件、半成品的费用和周转材料的摊销费。计算公式：

定额材料费 = 计价材料费 + 未计价材料费

计价材料费 = 分项项目材料消耗量 × 相应预算价格

未计价材料费 = 分项项目未计价材料消耗量 × 相应预算价格

（3）定额机械台班费　指使用施工机械作业所发生的机械使用费以及机械安拆和进出场费用。计算公式：

定额机械台班费 = 机械台班消耗量 × 机械台班单价

3.4.2　安装工程未计价材料

设备安装只计算安装费，购置费另计；而材料安装，不但计算安装费，还要计入材料费。

在安装工程预算定额制定中，将消耗的辅助材料（次要材料）计入定额中，称为计价材料；而构成工程实体的主要材料，因全国各地价格差异较大，所以定额基价中，未计算它的价值，故称为未计价材料。

能力训练题

一、名词解释

建筑工程定额：_____。

二、简答题

1. 简述定额日工资单价的组成。
2. 简述材料预算价格的组成。
3. 简述机械台班预算价格的组成。

三、填空题

1. 建筑工程定额按生产要素可分为_____、_____和_____。

2. 按定额的编制程序和用途分，可以把工程定额分为施工定额、_____、_____、概算指标。

3. 定额日工资单价是指一个建筑安装工人一个工作日在预算定额中应计入的全部人工费用。主要由_____、_____、_____、_____、_____等内容组成。

4. 材料预算价格，是指材料由来源地（供应者仓库或提货地点）运至工地仓库或施工现场堆放地点后的出库价格。材料预算价格由_____、_____、_____、_____、_____等组成。

5. 施工机械台班预算价格是指在一个台班内为保证机械正常运转所支出和分摊的各种费用之和。每台班按 8 小时工作制计算。包括七项内容：_____、_____、_____、_____、_____、_____、_____等。

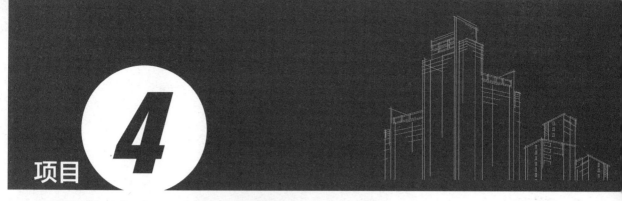

给排水工程识图与计价

知识目标

1.了解给水系统的分类、组成与给水方式；

2.了解排水系统的分类与组成；

3.熟悉各种阀门、水表等的性能与用途；

4.熟悉《全国统一安装工程预算定额河北省消耗量定额》（2012）定额内容，掌握给排水工程量计算规则。

技能目标

1.能够熟练识读给排水施工图；

2.能够根据工程量计算规则计算工程量；

3.能够熟练套用定额，计算直接费，进而计算工程造价。

情感目标

通过分组讨论学习，使学生能够顺利掌握工程量计算和套定额计算工程造价，让每个学生充分融入学习情境中，激发学生的学习兴趣，形成良好的学习习惯。通过各小组多方位合作，培养学生团队合作、互助互学的精神，形成正确的世界观、价值观和人生观。

4.1 给排水工程基础知识

建筑给水系统是将市政给水管网（或自备水源，如蓄水池）中的水引入一幢建筑或一个建筑群体供人们日常生活、生产和消防之用，并满足各类建筑物用水对水质、水量和水压要求的冷水供应系统。建筑给水系统包括室外给水系统和室内给水系统。建筑排水系统是将室内卫生器具和生产设备产品的污废水以及降落在屋面的雨雪水，采用无组织或有组织的管道排至室外的排水管道系统。建筑排水系统包括室外排水系统和室内排水系统。

二维码1 给水系统的
分类与组成

4.1.1　室内给水系统

4.1.1.1　室内给水系统的分类

建筑室内给水系统按用途基本上可分为生活给水系统、生产给水系统和消防给水系统三大类。

（1）生活给水系统　供民用、公共建筑和工业企业建筑内的饮用、烹调、盥洗、洗涤、沐浴等生活上的用水。要求水压、水量要符合建筑物的设计要求，水质必须严格符合国家规定的饮用水水质标准。

（2）生产给水系统　因各种生产的工艺不同，生产给水系统种类繁多，主要用于生产设备的冷却、原料洗涤、锅炉用水等。生产用水对水质、水量、水压以及安全方面的要求由于工艺不同，差异很大。

（3）消防给水系统　供层数较多的民用建筑、大型公共建筑及某些生产车间的消防设备用水。消防用水对水质要求不高，但必须按建筑防火规范保证有足够的水量与水压。

根据具体情况，有时将上述三类基本给水系统或其中两类基本系统合并成生活 - 生产 - 消防给水系统、生活 - 消防给水系统、生产 - 消防给水系统。

4.1.1.2　给水系统的组成

建筑内部给水系统主要由引入管、水表节点、室内给水管网、给水附件、升压和贮水设备、室内消防设备、给水局部处理设备等组成，如图 4-1 所示。

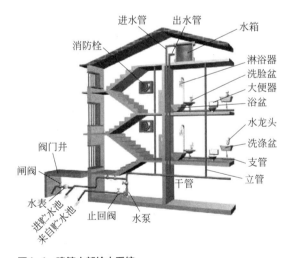

图4-1　建筑内部给水系统

（1）引入管　对一幢单独建筑物而言，引入管是室外给水管网与室内管网之间的联络管段，也称进户管。对于一个工厂、一个建筑群体、一个学校区，引入管指总进水管。

（2）水表节点　水表节点是指引入管上装设的水表及其前后设置的闸门、泄水装置等总称。闸门用于关闭管网，以便修理和拆换水表；泄水装置为检修时放空管网、检测水表精度及测定进户点压力值。水表节点形式多样，选择时应按用户用水要求及所选择的水表型号等因素决定。

　　分户水表设在分户支管上，可只在表前设阀，以便局部关断水流。为了保证水表计量准确，在翼轮式水表与闸门间应有 8～10 倍水表直径的直线段，其他水表约为 300mm，以使水表前水流平稳。

　　（3）室内给水管网　室内给水管网是指建筑内部给水水平或垂直干管、立管、支管等。

　　（4）给水附件　给水附件是管路上的闸阀等各式阀类及各式配水龙头的总称，主要用于控制调节系统内的流向、流量和压力，保证系统的安全运行。

　　（5）升压和贮水设备　在室外给水管网压力不足或建筑内部对安全供水、水压稳定有要求时，需设置各种附属设备，如水箱、水泵、气压装置、水池等升压和贮水设备。

　　（6）室内消防设备　按照建筑物的防火要求及规定需要设置消防给水时，一般应设消火栓消防设备。有特殊要求时，另专门装设自动喷水灭火或水幕灭火设备等。

　　（7）给水局部处理设备　建筑物的给水水质不符合国家要求时，需配置给水处理设备。

4.1.1.3　室内给水系统的给水方式

　　给水方式即给水方案，它与建筑物的高度、性质、用水安全性、是否设消防给水、室外给水管网所能提供的水量及水压等因素有关。建筑室内常用的给水方式有：直接给水方式，单设水箱的给水方式，设水池、水箱、水泵的给水方式，气压给水方式，变频调速水泵的给水方式，分区给水方式等。

　　（1）直接给水方式　直接给水方式，如图 4-2 所示，适用于室外管网压力、水量在一天的时间内均能满足室内用水需要的建筑物。室外管网与室内管网直接相连，利用室外管网水压直接工作。这种系统的优点是系统简单，安装维护可靠，充分利用室外管网压力；缺点是内部无贮水设备，室外管网停水室内即停水。

　　（2）单设水箱的给水方式　单设水箱的给水方式，如图 4-3 所示，适用于室外管网的水压大部分时间能够满足室内需要，仅在用水高峰出现不足，且允许设置高位水箱的建筑物。

　　（3）设水池、水箱、水泵的给水方式　当外网水压低于或经常不能满足建筑内部供水管网所需的水压，而且不允许直接从室外管网抽水时，必须设置室内贮水池，外网的水送入水池，水泵能及时从贮水池抽水，输送到室内管网和水箱，如图 4-4 所示。

二维码2　室内给水方式

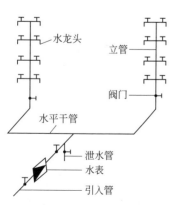

图4-2　直接给水方式

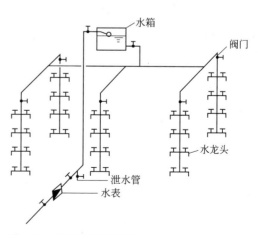

图4-3　单设水箱的给水方式

建筑物底部的贮水池，安装浮球阀，控制外网进水。水泵从贮水池抽水送往室内管网和水箱。这种供水方式的优点是：水池和水箱可以贮备一定的水量，供水可靠，水压稳定。缺点是：不能利用外网压力，日常运行的能源消耗大，水泵噪声大，安装、维护较麻烦，投资大，水池占地，水池防污染、防渗漏要求高。

（4）气压给水方式　气压给水方式如图4-5所示，适用于室外管网的水压经常性不足，建筑内部用水不均匀，且不宜设置高位水箱的建筑物。气压给水方式是利用密闭罐内空气的压缩性能来贮存、调节和输送流量，设备简单，管理方便，可置于建筑中任意部位。

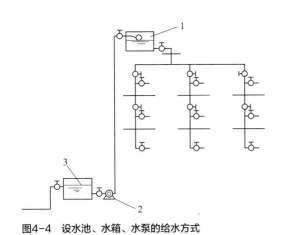

图4-4　设水池、水箱、水泵的给水方式

1—水箱；2—水泵；3—水池

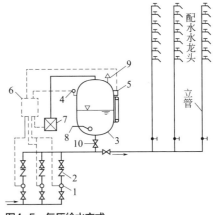

图4-5　气压给水方式

1—水泵；2—止回阀；3—气压罐；4—压力信号器；5—液位信号器；6—控制器；7—补气装置；8—排气阀；9—溢流阀；10—阀门

（5）变频调速水泵的给水方式　变频调速水泵的给水方式是在压力或流量传感器反馈恒定的情况下，由变频器控制电机不断改变水泵转速，从而不断改变水泵的流量来适应用户用水量需求的给水方法。

变频调速给水装置在运行时通过变频调速器控制水泵电机的速度，通过速度的变化保持水压恒定，当管网实际水压低于设定水压时，变频调速器会按顺序循环启动相应台数的水泵来满足水压恒定，当管网实际水压高于设定水压时，变频调速器按相反顺序关掉相应的水泵电机，如图4-6所示。

（6）分区给水方式　目前高层建筑越来越多，当建筑高度很大时，若整栋楼采用一个供水系统供水，建筑底层的配水点所受到的静水压力会很大，将会产生以下弊端：

① 配水水龙头开启时，水流喷溅严重，使用不便。

② 当配水水龙头及阀门关闭时容易产生水锤，不但会引起噪声，还会损坏管道及附件，造成漏水。

③ 由于压力过高，龙头、阀门等给水配件容易受到磨损，缩短使用寿命，同时增加了维修工作量。

④ 流速过大，会产生水流噪声、振动噪声，影响室内安静。

为了消除和减少上述弊端，当建筑高度达到某一高度时，给水系统需作竖向分区，如图4-7所示。高层建筑给水系统的竖向分区是指沿建筑物的垂直方向，依序将其划分为若干个供水区域，每个供水区域都有其完整的供水设施。

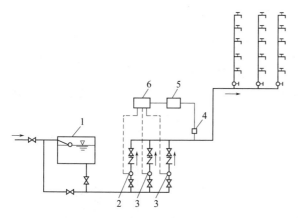

图4-6   变频调速水泵给水装置原理图

1—贮水池；2—变速泵；3—恒速泵；4—压力变送器；5—调节器；6—控制器

合理地确定给水系统的竖向分区，是进行高层建筑给水系统设计的前提。分区压力值选定过高，仍会造成低层处配水点压力大、流量多、噪声大、用水器材损坏等后果发生。分区压力值选定过小，又会使分区数量增多，势必增加供水设备、管道的工程造价及维修管理工作等。因此，高层建筑给水系统竖向分区应根据使用要求、管材质量、卫生器具配件所能承受的工作压力，结合建筑层数合理划分。

高层建筑常用的分区方式有：并联式给水方式、分区串联式给水方式、减压式给水方式和无水箱变速水泵给水方式（图4-7）等。

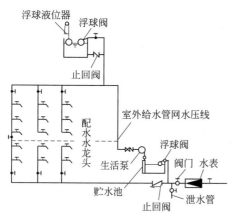

图4-7   高层建筑竖向分区给水方式

4.1.1.4   室内给水管道的布置与敷设

（1）室内给水管道的布置原则   室内给水管道的布置总原则是：力求管线最短，阀门少，安装维修方便，不影响美观。

引入管宜从建筑物用水量最大处引入。当建筑用水量比较均匀时，可从建筑物中央部分引入。在一般情况下，引入管可设置一条。如建筑物不允许间断供水，则应设成两条引入管，且由城市管网不同侧引入，若只能由建筑物同侧引入，则两引入管间距不得小于 15m，并应在接点设阀门。

室内给水管道布置应遵循以下几点原则：

① 力求长度最短，尽可能呈直线形，平行于墙梁柱，兼顾美观，并考虑施工检修方便。

② 给水干管应尽可能靠近用水量最大或不允许中断供水处。

③ 埋地给水管道应避免布置在可能被重物压坏或设备振动处，管道不得穿过设备基础。

④ 不得妨碍生产操作，不得布置在遇水能引起爆炸、燃烧或损坏原料、产品、设备的地方。

⑤ 不得穿过伸缩缝，必须通过时，采取相应措施。

⑥ 可与其他管道同沟或共架敷设，考虑合适的上下顺序。

⑦ 不宜与输送易燃易爆或有害气体及液体的管道同沟敷设。

⑧ 横管应有 0.2% ～ 0.5% 的坡度坡向泄水装置。

⑨ 给水立管穿过楼层需加套管，在土建施工时要预留孔洞。

（2）室内管道的敷设方式 根据建筑对卫生、美观方面的要求不同，可分为明装和暗装。管道的明装是指管道在室内沿墙、梁、柱、天花板下、地板旁暴露敷设。管道的明装造价低，便于安装维修，但是存在不美观、凝结水、积灰、妨碍环境卫生等方面的缺点。管道的暗装是指管道敷设在地下室或吊顶中，或在管井、管槽、管沟中隐蔽敷设。管道的暗装卫生条件好、美观，但是存在造价高、施工维护不便等方面的缺点。

（3）室内给水管网布置形式 按照水平干管的布置位置和形式，室内给水系统可分为：下行上给式、上行下给式、环状式。

① 下行上给式。水平干管布置在底层地下或地沟内，自下而上供水，用于直接给水方式，如图 4-8 所示。

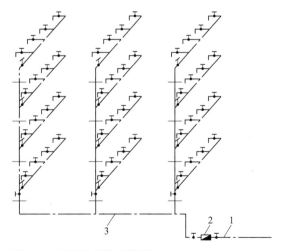

图4-8 下行上给式给水系统图

1—给水引入管；2—水表；3—给水干管

② 上行下给式。水平配水干管常明设在屋顶下面或暗设在吊顶内或直接敷设在屋面上，自上而下通过立管供水，用于有屋顶水箱的给水方式，如图 4-9 所示。

③ 环状式。建筑物设置两条引入管，在室内连接成环状。当一条引入管发生故障，另

一条引入管还能正常供水，如图 4-10 所示。

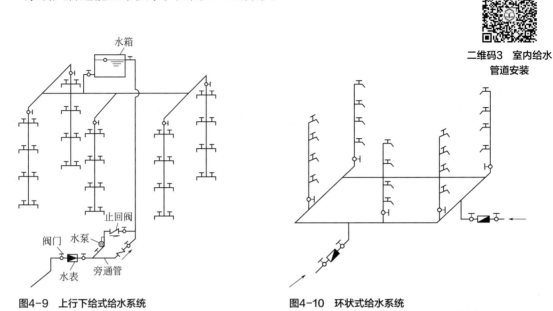

图4-9　上行下给式给水系统

图4-10　环状式给水系统

4.1.1.5　室内给水管道的管道安装

室内生活给水、热水供应管道安装的一般程序为：引入管→水平干管→立管→横支管。

（1）引入管安装　给水引入管与排水管的水平距离不宜小于 1.0m，应有不小于 0.3% 的坡度，坡向室外。引入管穿越地下室外墙或地下构筑物墙壁时，应加刚性防水套管或在基础上预留洞口。其管径应比引入管直径大 100～200mm，预留洞与管道间隙应用黏土填实，两端用 M5 水泥砂浆封口。对有严格防水要求的，必须采用柔性防水套管，如图 4-11 所示。

（2）水平干管安装　给水管与排水管水平敷设时，两管间的最小水平净距不得小于 0.5m；交叉敷设时，垂直净距不得小于 0.15m。给水管应在排水管上面。

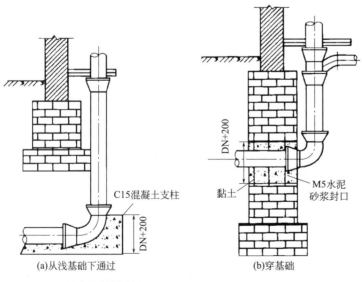

(a)从浅基础下通过　　(b)穿基础

图4-11　引入管穿越建筑物基础

（3）立管安装　每根立管始端应安装阀门，每层设一管卡固定。层高低于5m，每层设置一个管卡，层高高于5m，每层设置2个管卡，且均匀布置。

（4）横支管安装　水平支管应有0.2%～0.5%的坡度，坡向立管或配水点，并用托钩或管卡固定。

（5）冷、热水管安装　上下平行安装时，热水管在上、冷水管在下；垂直安装时，热水管在左、冷水管在右。

（6）穿越墙壁或楼板时　应设钢套管或塑料套管。套管高出地面20mm，在有水的房间应高出地面50mm。

4.1.1.6　室内给水系统的试压与冲洗

给水系统安装完毕，应做管道试压试验。饮用水管道，还应做消毒冲洗试验。

给水系统试验压力（test pressure）为工作压力的1.5倍，但不得小于0.6MPa。

检验方法：金属管及复合管给水系统在试验压力下观测10min，压力降不得超过0.02MPa，然后降至工作压力进行检查，不渗不漏为合格；塑料管给水系统应在试验压力下稳压1h，压力降不得超过0.05MPa，然后在工作压力的1.15倍状态下稳压2h，压力降不超过0.03MPa，同时检查各连接处不渗不漏为合格。

4.1.2　室内排水系统

建筑排水系统的任务，是将卫生设备和生产设备排除出来的污水、废水，以及降落在屋面上的雨、雪水，通过室内排水管道排到室外及市政污水管道，或排至室外污水处理构筑物后再予以排放。

4.1.2.1　室内排水系统的分类

室内排水系统按系统排除污废水类型不同，可分为三类：生活排水系统、工业污废水排水系统和雨雪水排水系统。

（1）生活排水系统　生活排水系统排出居住建筑、公共建筑及工厂生活间的污废水。生活排水系统可进一步分为排除冲洗便器的生活污水排水系统和排除盥洗、洗涤废水的生活废水排水系统。生活废水经过处理后可作为中水，用来冲洗厕所、浇洒绿地和通路等。

（2）工业污废水排水系统　工业污废水排水系统排除工业生产过程中产生的污废水。为便于污废水的处理和综合利用，按污染程度可分为生产污水排水系统和生产废水排水系统。生产污水污染较重，需要经过处理，达到排放标准后排放。生产废水污染较轻，如机械设备冷却水、冲洗汽车后的水等。

（3）雨雪水排水系统　屋面雨雪水排水系统排除降落到多跨度工业厂房、大屋面建筑和高层建筑屋面上的雨水、雪水。

4.1.2.2　室内排水系统的组成

室内排水系统主要由卫生器具或生产设备受水器、存水弯、排水管道系统、通气管系统、清通设备、污（废）水抽升设备、局部处理构筑物等组成，如图 4-12 所示。

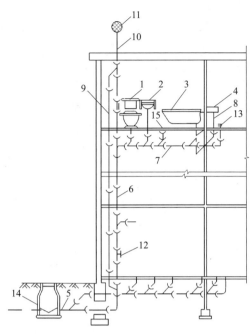

图4-12 室内排水系统的组成

1—坐便器冲洗水箱；2—洗脸盆；3—浴盆；4—厨房洗盆；5—排出管；6—排水立管；7—排水横支管；8—排水支管；9—专用通气管；10—伸顶通气管；11—通风帽；12—检查口；13—清通口；14—排水检查井；15—地漏

（1）卫生器具或生产设备受水器 其是排水系统的起点。

（2）存水弯 如图 4-13 所示，是连接在卫生器具与排水支管之间的管件，防止排水管内腐臭气体、有害气体、虫类等通过排水管进入室内。如果卫生器具本身有存水弯，则不再安装。

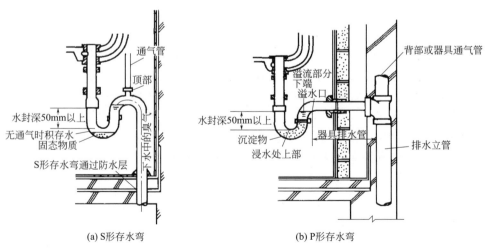

(a) S形存水弯　　　　　　　　　(b) P形存水弯

图4-13 存水弯安装图

（3）排水管道系统　由排水横支管、排水立管、埋地干管和排出管组成。排水横支管将卫生器具或其他设备流来的污水排到立管中去。排水立管是连接各排水支管的垂直总管。埋地干管连接各排水立管。排出管将室内污水排到室外第一个检查井。

（4）通气管系统　是使室内排水管与大气相通，减少排水管内空气的压力波动，保护存水弯的水封不被破坏。常用的形式有器具通气管、环形通气管、安全通气管、专用通气管、结合通气管等，如图 4-14 所示。

二维码4　排水系统的分类与组成

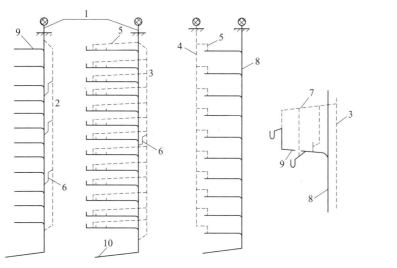

图4-14　通气管系统

1—伸顶通气管；2—专用通气管；3—主通气管；4—副通气管；5—环形通气管；6—结合通气管；7—器具通气管；8—排水立管；9—排水横支管；10—排出管

（5）清通设备　是疏通排水管道、保障排水畅通的设备。包括检查口、清扫口和室内检查井。

（6）污（废）水抽升设备　包括集水池、污水泵设施。集水池，净容积应按小区或建筑物地下室内污水量大小、污水泵启闭方式和现场场地条件等因素确定。集水池的有效水深一般取 1～1.5m，保护高度取 0.3～0.5m。污水泵及污水泵房应优先选用潜水污水泵和液下污水泵。

（7）局部处理构筑物　当建筑内部污水未经处理不允许直接排入市政排水管网或水体时，须设污水局部处理构筑物，如化粪池、隔油池、降温池以及医院污水处理设施等。

4.1.2.3　室内排水管道的布置与敷设

（1）室内排水管道布置原则　室内排水管道布置应遵循以下原则：排水畅通，水力条件好；满足美观要求及便于维护管理；保证生产和使用安全；保护管道不易受到损坏；力求管线最短、工程造价低。

室内排水管道布置还应注意以下几点：

① 排水管道不得布置在遇水会引起爆炸、燃烧或损坏的原料、产品和设备的地方。

② 排水管不得穿越卧室、客厅，不得穿行在食品或贵重物品储藏室、变电室、配电室，不得穿越烟道等。

③ 排水管道不宜穿越容易引起自身损坏的地方，如建筑沉降缝、伸缩缝、重载地段和冰冻地段。

④ 排水塑料管应避免布置在地热源附近；塑料排水管道应根据其管道的伸缩量设置伸缩节。

⑤ 建筑塑料排水管穿越楼层、防火墙、管道井井壁时，应按要求设置阻火装置。

（2）室内排水管道的敷设方式　室内排水管道敷设方式有明装和暗装。排水立管明装时一般设在墙角处或沿墙、沿柱垂直布置，与墙、柱的净距离为 15～35mm。暗装时，排水立管常布置在管井中。为清通方便，排水立管上每隔一层应设检查口，但底层和最高层必须设检查口，检查口距地面 1.0m。

排水立管穿越楼板时，预留孔洞的尺寸一般较通过的立管管径大 50～100mm，并且应在通过的立管外加设一段套管，现浇楼板可以预先镶入套管。

排出管穿越地下室外墙时，应做穿墙套管，此外排出管一般采用铸铁管柔性接头，以防建筑物下沉时压坏管道。排出管与室外排水管连接处应设检查井，检查井中心到建筑物外墙的距离不宜小于 3m，也不宜过长。横干管穿越承重墙或基础时应预留洞口，预留洞口要保证管顶上部净空间不得小于建筑物的沉降量，且不得小于 0.15m。

4.1.2.4　室内排水管道的安装

二维码5　排水管道的
布置与安装

室内排水管道安装的一般程序是：排出管→底层埋地排水横管→底层器具排水短管→排水立管→排水横管→器具排水短管、存水弯。

（1）排水管道坡度必须符合表 4-1、表 4-2 要求。

表4-1　铸铁排水管道的坡度要求

项次	管径/mm	标准坡度/%	最小坡度/%
1	50	3.5	2.5
2	75	2.5	1.5
3	100	2.0	1.2
4	125	1.5	1.0
5	150	1.0	0.7
6	200	0.8	0.5

表4-2　塑料排水管道的坡度要求

项次	管径/mm	标准坡度/%	最小坡度/%
1	50	2.5	1.2
2	75	1.5	0.8
3	110	1.2	0.6
4	125	1.0	0.5
5	160	0.7	0.4

（2）生活污水管道上设置检查口或清扫口。立管上应每隔一层设置一个检查口，但底层

和顶层必须设置。检查口中心高度距操作地面高度一般为1m。在连接2个及2个以上大便器或3个及3个以上卫生器具的污水横管上应设清扫口。

（3）管卡：横管不大于2m；立管不大于3m。层高小于4m时，立管可设一个管卡。立管底部的弯管处应设支墩或采取固定措施。

（4）排水通气管不得与风道、烟道连接，通气管高出屋面300mm，但必须大于当地最大积雪厚度；在经常有人停留的屋面，应高出屋面2m。若在通气管口周围4m以内有门窗时，高出窗顶0.6m或引向无门窗一侧。

（5）医院含毒污水管道，不得与其他排水管道直接连接。

（6）立管与排出管连接，应采用2个45°弯头连接。

（7）隐蔽或埋地的排水管道在隐蔽前必须做灌水试验，其灌水高度应不低于底层卫生器具的上边缘或底层地面高度；排水立管及水平干管应做通球试验，通球直径不小于排水管道管径的2/3，通球率必须达到100%。

4.1.3　给排水常用管材及管件

给排水系统是由管道、管件、卫生器具及各种附件连接而成的，管道材料及附件的选择合适与否，直接影响工程质量、工程造价以及使用。

二维码6　给水管材

4.1.3.1　给排水常用管材

给排水管道常用管材有金属管和非金属管。金属管有钢管和铸铁管；非金属管有塑料管、铝塑复合管等。

（1）钢管　钢管按生产方法可分为无缝钢管和焊接钢管（俗称水煤气管）。焊接钢管按壁厚分为普通镀锌钢管和加厚镀锌钢管，根据是否镀锌又分为镀锌钢管（白管）和非镀锌钢管（黑管）。

焊接钢管直径用公称直径表示。公称直径既不是内径，也不是外径，而是能使管子和管件连接在一起的工作直径，用DN表示。如DN50，表示公称直径为50mm的钢管。

钢管强度高、承压能力大、抗震性能好、重量轻、接头少、安装方便，但造价高、易腐蚀。

焊接钢管的规格和型号见表4-3。

表4-3　低压输送用焊接钢管规格和型号

公称直径DN		近似内径/mm	壁厚/mm	外径/mm	焊接钢管重量/（kg/m）	镀锌钢管重量/（kg/m）
/mm	/in					
15	$\frac{1}{2}$	15	2.75	21.25	1.25	1.313
20	$\frac{3}{4}$	20	2.75	26.75	1.63	1.712
25	1	25	3.25	33.50	2.43	2.541

续表

公称直径DN		近似内径/mm	壁厚/mm	外径/mm	焊接钢管重量/（kg/m）	镀锌钢管重量/（kg/m）
/mm	/in					
32	$1\frac{1}{4}$	32	3.25	42.25	3.13	3.287
40	$1\frac{1}{2}$	40	3.50	48.00	3.84	4.032
50	2	50	3.50	60.00	4.88	5.124
70	$2\frac{1}{2}$	70	3.75	75.50	6.64	6.972
80	3	80	4.00	88.50	8.34	8.757
100	4	106	4.00	115.00	10.85	11.393
125	5	131	4.50	140.00	15.04	15.792
150	6	156	4.50	165.00	17.81	18.700

无缝钢管，承压能力强，用于输送高压蒸汽、高温热水、易燃易爆及高压流体等介质。无缝钢管直径用"外径 × 壁厚"表示，如 $D219 \times 9$ 表示外径为 219mm，壁厚为 9mm 的无缝钢管。因为壁厚不同，即使同一型号的无缝钢管，重量也会不同。常用无缝钢管的规格见表4-4。

表4-4 常用无缝钢管的规格重量表

公称直径DN/mm	外径D/mm	壁厚δ/mm								
		2.5	3.0	3.5	4.0	4.5	5.0	6.0	7.0	8.0
		理论重量/（kg/m）								
50	57	3.36	4.00	4.62	5.23	5.83	6.41	7.55	8.63	9.67
	60	3.55	4.22	4.88	5.52	6.16	6.78	7.99	9.15	10.26
70	73	4.35	5.18	6.00	6.81	7.60	8.38	9.91	11.39	12.82
	76	4.53	5.40	6.26	7.10	7.93	8.75	10.36	11.91	13.12
80	89	5.33	6.36	7.38	8.38	9.38	10.36	12.28	14.16	15.98
	102	6.13	7.32	8.50	9.67	10.82	11.96	14.21	16.40	18.55
100	108	6.5	7.77	9.02	10.26	11.49	12.70	15.09	17.44	19.73
	114				10.48	12.15	13.44	15.98	18.47	20.91
125	133				12.73	14.26	15.78	18.79	21.75	24.66
	140				13.42	15.04	16.65	19.83	22.96	26.04
150	159				17.15	18.99	22.64	26.24	29.79	
	168					20.10	23.97	27.79	31.57	
200	219						31.52	36.60	41.63	
250	273							45.92	52.28	
300	325								62.54	

（2）铸铁管　铸铁管按照用途分为给水铸铁管和排水铸铁管，其规格用公称直径 DN 表示。

给水铸铁管主要是球墨铸铁管，具有强度高、壁薄、耐压、耐冲击、耐腐蚀、抗震等性能，适用于输送水和煤气。其接口形式有承插式连接和法兰式连接。

（3）塑料管　塑料管是以合成树脂为主要成分，加入适量添加剂，在一定温度和压力下塑制成型的有机高分子材料管道。塑料管具有质轻、耐腐蚀、不生锈、水流阻力小、施工安装方便、价格低廉以及外表美观等特点。目前常用的塑料管有：硬聚氯乙烯（UPVC）管、聚乙烯（PE）管、聚丁烯（PB）管、聚丙烯（PP-R）管、交联聚乙烯（PE-X）管等，塑料管规格用公称外径 De 表示，如 De50，表示外径为 50mm。

① 硬聚氯乙烯（UPVC）管的使用温度为 5 ～ 45℃，公称压力为 0.6 ～ 1.0MPa。优点是耐腐蚀性能好、抗老化能力好、粘接方便、价格低廉、质地坚硬。缺点是无韧性、环境温度低于 5℃时脆化，高于 45℃时软化，目前主要用于室内排水系统中。硬聚氯乙烯管的连接方法可采用密封胶粘接，也可采用橡胶密封圈柔性连接、螺纹或法兰连接。

② 聚乙烯（PE）是由单体乙烯聚合而成，由于在聚合时因压力、温度等聚合反应条件不同，可得出不同密度的树脂，因而又有高密度聚乙烯、中密度聚乙烯和低密度聚乙烯之分。聚乙烯管的特点是质量轻、韧性好、耐低温、耐腐蚀性能好、运输施工方便，具有良好的柔韧性和抗蠕变性能，在建筑给水系统中得到广泛的应用。聚乙烯管材的规格用公称外径 De 表示，比如 De25。管道的连接可采用热熔、电熔等连接方法。

③ 聚丙烯（PP）具有良好的耐热性及较高的强度，但其熔体黏度低，且低温时易脆，可使聚乙烯（PE）与聚丙烯（PP）聚合成无规共聚聚丙烯（PP-R）。

PP-R 管的优点是热膨胀系数小，承受的压力可达 4.9MPa，可输送 90℃的热水；热熔连接牢固，不需铜接头，成本较低；产生的废品可回收利用。缺点主要是刚性和抗冲击性能差，线膨胀系数较大，抗紫外线性能差，属于可燃性材料，不得用于消防给水系统。PP-R 管材常应用于公共及民用建筑，用于输送冷热水、采暖系统和空调系统。

聚丙烯管的连接可采用热熔连接、电熔连接、过渡连接和法兰连接。

④ 交联聚乙烯（PE-X）具有良好的耐高温（-70 ～ 110℃）、耐高压（爆破压力 6MPa）、稳定性和持久性。这种管材是目前比较理想的冷热水及饮用水塑料管材。

管道连接可采用卡箍连接、卡压式连接、过渡连接，必须用专用的金属管件连接；生产工艺要求较高，废品不能回收；线膨胀系数大，由于热胀冷缩引起的温差应力会导致接头部位漏水。

（4）复合管　在室内给水工程中，常用的复合管有铝塑复合管，分为铝合金 - 聚乙烯型（PAP）和铝合金 - 交联聚乙烯型（XPAP）。铝塑复合管既保持了聚乙烯管和铝管的优点，又避免了各自的缺点。其可以弯曲，弯曲半径等于 5 倍直径；耐高压，工作压力可达 1.0MPa 以上；耐温差性能好，使用温度范围为 -100 ～ 110℃。

4.1.3.2　管件

各种管材的连接方式不同，需要的管件也不同。

（1）螺纹连接管件　螺纹连接管件分为镀锌管件和非镀锌管件两种，如图 4-15 所示。

常用的管件有管箍、活接头、弯头、三通、四通、补心、异径管、根母、管堵等。管件规格同管径一致，用公称直径 DN 表示。

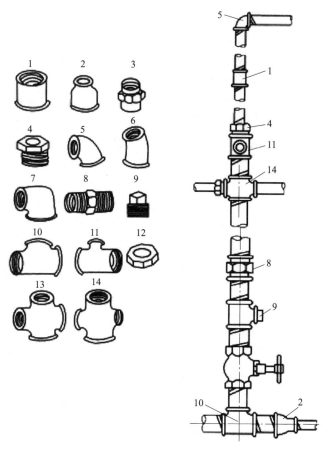

图4-15　钢管螺纹连接管件及连接方法

1—管箍；2—异径管箍；3—活接头；4—补心；5—90°弯头；6—45°弯头；7—异径弯头；8—外螺钉；9—堵头；10—等径三通；11—异径三通；12—根母；13—等径四通；14—异径四通

（2）焊接连接管件　焊接连接管件有压制法和焊接法两种。在给排水和采暖工程中经常采用压制弯头作为管道转弯的连接件。

（3）铸铁管件　铸铁管件按用途分为给水铸铁管件和排水铸铁管件。

给水铸铁管件的安装分为承插连接和法兰连接两种。承插连接一般采用石棉水泥接口，常用给水铸铁管件如图 4-16 所示。

排水铸铁管件的连接一般采用承插连接，接口采用石棉水泥接口。常用排水铸铁管件如图 4-17 所示。

（4）复合管件　常用的铝塑复合管管件有异径管、三通、四通、弯头等。

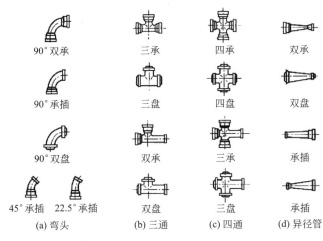

90°双承　三承　四承　双承

90°承插　三盘　四盘　双盘

90°双盘　双承　三承　承插

45°承插　22.5°承插　双盘　三盘　承插

(a) 弯头　(b) 三通　(c) 四通　(d) 异径管

图4-16　给水铸铁管件

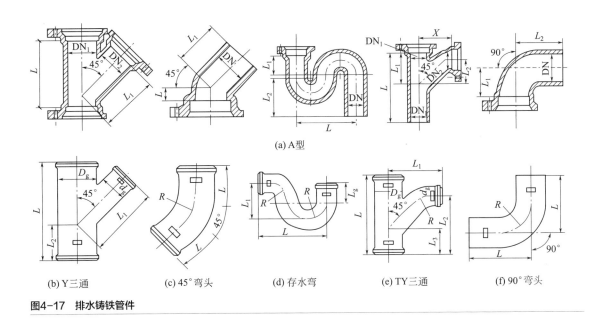

(a) A型

(b) Y三通　(c) 45°弯头　(d) 存水弯　(e) TY三通　(f) 90°弯头

图4-17　排水铸铁管件

4.1.4　管道的连接

　　管材种类不同，连接方法也不同，常用的连接方法有：螺纹连接、法兰连接、焊接连接、沟槽式连接、承插式连接、热熔连接、挤压式连接等。

　　（1）螺纹连接　螺纹连接，即丝扣连接，是通过管端加工的外螺纹和管件内螺纹将管子与管子、管子与管件、管子与阀门紧密连接在一起。适用于 DN ≤ 100mm 的镀锌钢管及较小管径、较低压力的焊管连接，以及带螺纹的阀门和设备接管的连接。

　　（2）法兰连接　法兰连接就是把两个管道、管件或附件，先各自固定在一个法兰盘上，然后在两个法兰盘之间加上法兰垫，再用螺栓将两个法兰盘拉紧使其紧密结合起来的一种可拆卸的接头，如图 4-18 所示。

　　法兰连接按照连接方法分为焊接法兰和螺纹法兰。适用于 DN ≥ 100mm 镀锌钢管、无缝钢管、给水铸铁管和钢塑复合管的连接，一般用在连接闸阀、止回阀、水泵、水表等处，以及需要经常拆卸、检修的管道上。

二维码7　管道的连接方法

图4-18　法兰连接

　　（3）焊接连接　焊接连接是管道安装中应用最广泛的一种连接方法，用于 DN>32mm 的焊接钢管、无缝钢管、铜管的连接。

　　（4）沟槽式连接　沟槽式连接也称卡箍式连接，如图 4-19 所示，是用滚槽机在管口处滚出沟槽，套上密封圈，再在橡胶圈外部扣上卡箍，由螺栓紧固连接的一种形式。沟槽式（卡箍式）连接分刚性接头连接和柔性接头连接，用于钢塑复合管、铸铁管、DN≥100mm 钢管的连接。

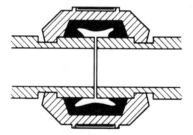 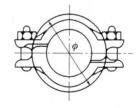 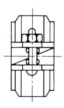

图4-19　沟槽式连接

　　（5）承插式连接　承插式连接主要用于带承插接头的铸铁管、混凝土管、陶瓷管、塑料管等。

　　承插式连接接口主要有青铅接口、石棉水泥接口、膨胀性填料接口、胶圈接口等。承插管分为刚性承插连接和柔性承插连接两种。刚性承插连接是用管道的插口端插入管道的承口内，对位后先用嵌缝材料嵌缝，然后用密封材料密封，使之成为一个牢固的封闭管。

　　柔性承插连接是在管道承插口的止封口上放入富有弹性的橡胶圈，然后施力将管子插口端插入，形成一个能适应一定范围内的位移和振动的封闭管。

　　（6）热熔连接　热熔连接使用热熔机将要连接的管子或管件部位表面加热，和连接接触面的本体材料互相熔合，冷却后连接为一体。热熔连接分为对接式热熔连接、承插式热熔连接和电熔连接等，适用于 PP-R、PE、PB 等塑料管的连接，如图 4-20 所示。

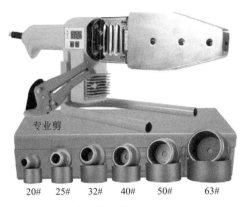

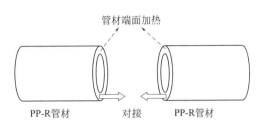

管材端面加热

PP-R管材　　对接　　PP-R管材

图4-20 热熔机及热熔连接

4.1.5 给水附件

建筑内部给水系统附件包括配水附件和控制附件。

4.1.5.1 配水附件

配水附件和卫生器具配套安装，主要起分配给水流量、调节水量的作用。常用的配水附件即各种水龙头，包括球形阀式配水水龙头，用于洗涤盆、污水盆、盥洗槽等处；旋塞式配水水龙头，其阻力小，启闭灵活，用于浴池、洗衣房、开水间等处；盥洗水龙头，设在洗脸盆上，有鸭嘴式、角式、长脖式等；混合式水龙头，可调节冷热水比例，可供淋浴洗涤用，样式很多；其他龙头还有脚踏式水龙头、红外线电子感应水龙头等，如图4-21所示。

(a) 球形阀式配水水龙头

(b) 旋塞式配水水龙头

(c) 鸭嘴式水龙头

(d) 角式水龙头

(e) 长脖式水龙头

(f) 混合式水龙头

(g) 脚踏式水龙头

(h) 电子感应水龙头

图4-21 水龙头

4.1.5.2 控制附件

控制附件是指各种阀门，用以启闭管路、调节水压和水量、关断水流、改变水流方向等，如闸阀、截止阀、止回阀、旋塞阀、球阀、浮球阀、安全阀、减压阀、蝶阀、溢流阀等。

（1）闸阀 闸阀可开启和关闭水流，也可调节流量，水流阻力小，但关闭不严密。主要用于管径大于50mm的冷热水、采暖、室内煤气等工程的管路或需双向流动的管段，如图4-22所示。

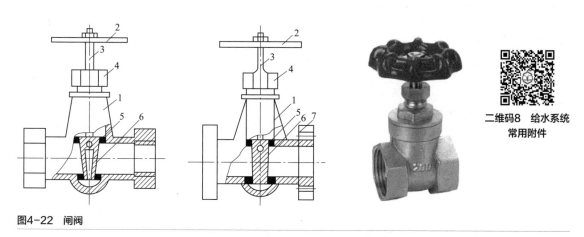

二维码8 给水系统常用附件

图4-22 闸阀

1—阀体；2—手轮；3—阀杆；4—压盖；5—密封圈；6—阀板；7—法兰

（2）截止阀 截止阀可开启和关断水流，但不能调节流量，关闭严密，但水流阻力大，安装时应注意方向。其主要用在管径小于50mm的管道上，如图4-23所示。

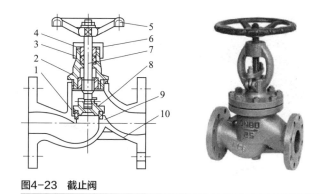

图4-23 截止阀

1—密封圈；2—阀盖；3—填料；4—填料压环；5—手轮；6—压盖；7—阀杆；8—阀瓣；9—阀座；10—阀体

（3）止回阀 止回阀用来阻止水流的反方向流动。安装时注意方向，不可装反。其主要用于水泵出口、水表出口等处。止回阀有两种：升降式止回阀、旋启式止回阀。

升降式止回阀，如图4-24所示，其装于水平管道上，水头损失较大，只适用于小管径。旋启式止回阀，如图4-25所示，其一般直径较大，水平、垂直管道上均可安装，适用于输送清洁介质，对于带固体颗粒和黏性较大的介质不适用。

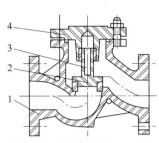

图4-24　升降式止回阀

1—阀体；2—阀瓣；3—导向套；4—阀盖

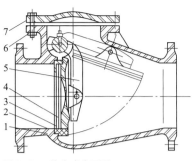

图4-25　旋启式止回阀

1—阀体；2—阀体密封圈；3—阀瓣密封圈；
4—阀瓣；5—摇杆；6—垫片；7—阀盖

（4）旋塞阀　旋塞阀的启闭件为金属塞状物，塞子中部有一孔道，绕其轴线转动 90° 即为全开或全闭。其优点是结构简单、操作方便、阻力小，缺点是密封面维修困难。适用于热水或燃气管路中，如图 4-26 所示。

（5）球阀　其以一个中间开孔的球体做阀心，靠旋转球体来控制阀的开启。优点是结构简单，体积小，重量轻，开关迅速，操作方便，流体阻力小；缺点是高温时启闭困难、水击严重、易磨损，如图 4-27 所示。

图4-26　旋塞阀

图4-27　球阀

（6）浮球阀　浮球阀是由曲臂和浮球等部件组成的阀门，可用来自动控制水塔或水池的液面，具有保养简单，灵活耐用，液位控制准确度高，水位不受水压干扰且开闭紧密不漏水等特点，多安装于水池或水箱上用来控制水位，一般口径为 15 ～ 100mm，如图 4-28 所示。

（7）安全阀　安全阀是启闭件受外力作用处于常闭状态，当设备或管道内的介质压力升高且超过规定值时，通过向系统外排放介质来防止管道或设备内介质压力超过规定数值的特殊阀门。安全阀属于自动阀类，主要用于锅炉、压力容器和管道上，控制压力不超过规定值，对人身安全和设备运行起重要保护作用。安全阀必须经过压力试验才能使用。常用安全阀有弹簧式安全阀和杠杆式安全阀两大类，如图 4-29 所示。

（8）减压阀　减压阀是通过调节，将进口压力减至某一需要的出口压力，并依靠介质本身的能量，使出口压力自动保持稳定的阀门，常用于高层建筑生活给水和消防给水系统中，如图 4-30 所示。

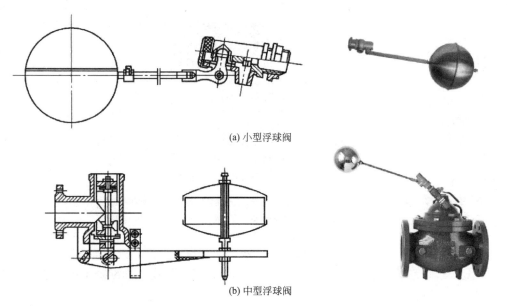

(a) 小型浮球阀

(b) 中型浮球阀

图4-28 浮球阀

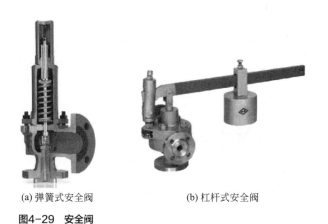

(a) 弹簧式安全阀   (b) 杠杆式安全阀

图4-29 安全阀

（9）蝶阀　蝶阀是指关闭件（阀瓣或蝶板）为圆盘，围绕阀轴旋转来达到开启与关闭的一种阀，阀门可用于控制空气、水、蒸汽、各种腐蚀性介质、泥浆、油品、液态金属和放射性介质等各种类型流体的流动，在管道上主要起切断和节流作用。蝶阀外形尺寸小，适合做大口径的阀门，如图 4-31 所示。

图4-30 减压阀

图4-31 蝶阀

4.1.5.3　阀门的表示方法

阀门的规格型号由 7 个单元按顺序排列组成，如图 4-32 所示，各部分的代号见表 4-5。

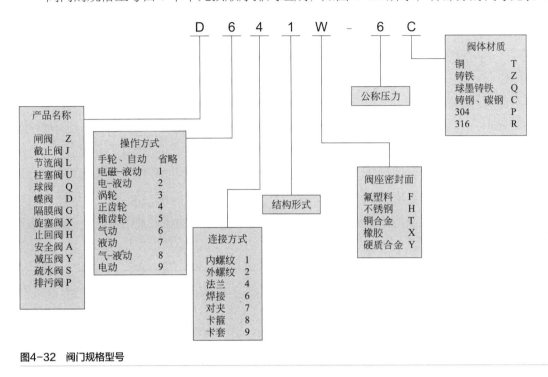

图4-32　阀门规格型号

表4-5　阀门结构代号含义

代号	0	1	2	3	4	5	6	7	8	9
操作方式	电磁阀	电磁-液动	电-液动	涡轮	正齿轮	锥齿轮	气动	液动	气-液动	电动
连接方式	—	内螺纹	外螺纹	—	法兰	—	焊接	对夹	卡箍	卡套
产品名称	结构形式									
闸阀 Z		明杆				暗杆				—
		楔式		平行式		楔式		平行式		
	弹性闸阀	刚性				刚性				
		单闸板	双闸板	单闸板	双闸板	单闸板	双闸板	单闸板	双闸板	
截止阀 J　节流阀 L　柱塞阀 U	—	直通式	Z形式	三通式	角式	直流式	平衡 直通式	平衡 直角式	—	—
球阀 Q	半球直通	浮动式				固定式				—
		直通式	三通式	—	三通式（Y形 / T形）	四通式	直通式	三通式（Y形 / L形）		
蝶阀 D	非密封型 三偏心	密封型					非密封型			
		中线式	单偏心	双偏心	连杆机构	三偏心	中线式	单偏心	双偏心	连杆机构
隔膜阀 G	—	屋脊式	—	截止式	—	直流式	直通式	—	角式Y形	

续表

代号		0	1	2	3	4	5	6	7	8	9
旋塞阀	X	—	—	—	填料密封 直通式	填料密封 T形三通式	填料密封 四通式	—	油密封 直通式	油密封 T形三通式	—
止回阀	H	—	升降式 直通式	升降式 立式	升降式 角式	旋启式 单瓣式	旋启式 双瓣式	旋启式 多瓣式	回转蝶形	截止止回	—
安全阀	A	弹簧封闭 带散热全启式	弹簧封闭 微启式	弹簧封闭 全启式	弹簧不封闭 带扳手 双联微启式	弹簧封闭 带扳手 全启式	杠杆式	弹簧不封闭 带控制全启式	弹簧不封闭 带扳手 微启式	弹簧不封闭 带扳手 全启式	脉冲式
减压阀	Y	—	薄膜式	弹簧薄膜式	活塞式	波纹管式	杠杆式	—	—	—	—
疏水阀	S	—	浮球式	—	浮桶式	膨胀式	钟形浮子式	膜盒式	双金属片式	脉冲式	热动力式
排污阀	P	—	液面连续排放 直通式	液面连续排放 角式	—	—	液面间断排放 直流式	液面间断排放 直通式	液面间断排放 角式	液面间断排放 闸板型	

4.1.6 给水设备

4.1.6.1 水表

水表是计量用户累计用水量的仪表。水表按计量元件运动原理分类，可分为容积式水表和流速式水表，我国大多采用流速式水表。流速式水表的工作原理是管径一定时，水流速度与流量成正比。

流速式水表按叶轮构造不同分为旋翼式水表和螺翼式水表，如图 4-33 所示。旋翼式水表的叶轮轴与水流方向垂直，水流阻力大，计量范围小，多为小口径水表，宜用于测量小流量。螺翼式水表的叶轮轴与水流方向平行，水流阻力小，多为大口径水表，宜用于测量较大流量。

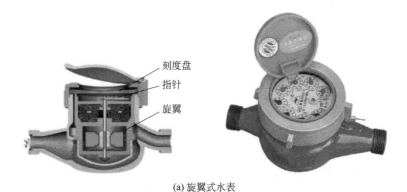

刻度盘
指针
旋翼

(a) 旋翼式水表

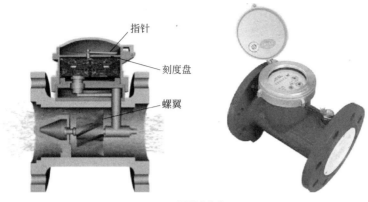

(b) 螺翼式水表

图4-33　水表

4.1.6.2　水泵

　　水泵是给水系统中的主要升压设备。水泵的种类有很多，如离心泵、轴流泵、混流泵、活塞泵、真空泵等。在建筑物内部一般采用离心泵。离心泵结构简单、体积小、效率高，流量和扬程在一定范围内可以调节。

　　（1）离心泵的构造　离心泵主要有叶轮、泵壳、泵轴、轴承和填料函等组成，如图4-34所示。

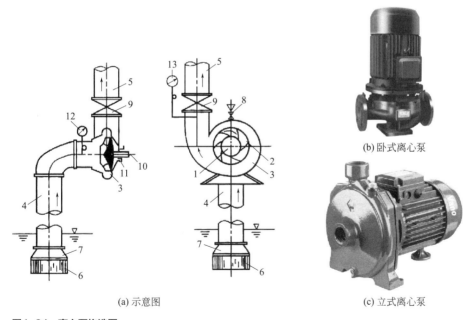

(a) 示意图　　　　　　　　　　　(b) 卧式离心泵

(c) 立式离心泵

图4-34　离心泵构造图

1—叶轮；2—叶片；3—泵壳；4—吸水管；5—压水管；6—格栅；7—底阀；8—灌水口；9—阀门；10—泵轴；11—填料函；12—真空表；13—压力表

（2）离心泵的工作原理　开泵前，吸入管和泵内必须充满液体。开泵后，叶轮高速旋转，其中的液体随着叶片一起旋转，在离心力的作用下，飞离叶轮向外射出，射出的液体在泵壳扩散室内速度逐渐变慢，压力逐渐增加，然后从泵出口的排出管流出。

（3）水泵的性能参数　水泵的基本性能通常由以下几个参数来表示：流量、扬程、功率和效率、转速、吸程。

① 流量（Q）：泵在单位时间内输送水的体积，称为泵的流量，用 Q 表示，单位为 m^3/h 或 L/s。

② 扬程（H）：单位重量的水在通过水泵以后获得的能量，称为水泵扬程，用 H 表示，单位为 m。

③ 功率和效率：水泵从电机处所获得的全部功率，单位为 kW。有效功率（N_y）指单位时间内通过水泵的水获得的能量。效率（η）为水泵的有效功率与轴功率的比值。

④ 转速：水泵转速是指叶轮每分钟的转数，用符号 n 表示，单位为 r/min。

⑤ 吸程（H_s）：吸程也称允许吸上真空高度，也就是水泵运转时吸水口前允许产生真空度的数值，通常以 H_s 表示，单位为 mH_2O。

4.1.6.3　水箱

水箱是用来贮存和调节水量的给水设施，高位水箱还可给系统稳压。水箱的形状有矩形、圆柱形、球形。水箱材质有钢筋混凝土、普通钢板、搪瓷钢板、不锈钢板、镀锌钢板、复合钢板、玻璃钢等。

（1）水箱的配管　水箱应设置进水管、出水管、溢流管、排污管（泄水管）、水位信号管以及液位计、通气管、人孔、内外人梯等附件，如图 4-35 所示。

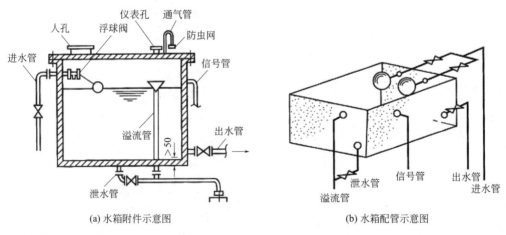

(a) 水箱附件示意图　　　　　　(b) 水箱配管示意图

图4-35　水箱配管示意图

① 进水管：进水管一般由水箱侧壁接入，其中心距箱顶 150 ～ 200mm 的距离。进水管上通常加装浮球阀来控制水箱内水位，浮球阀一般不少于 2 个。浮球阀前加装闸阀或其他种类阀门，当检修浮球阀时关闭。浮球阀直径与进水管相同，如图 4-36 所示。

二维码9　水泵和水箱

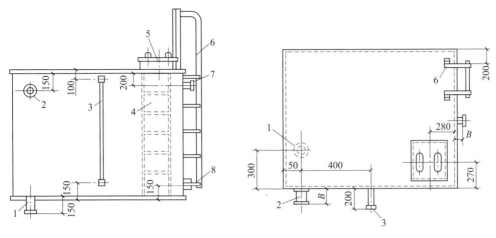

图4-36　生活给水箱配管构造

1—泄水管；2—溢流管；3—水位计；4—内人梯；5—人孔；6—外人梯；7—进水管；8—出水管

　　② 出水管：出水管从水箱侧壁接出，管口下缘应高出水箱底 50mm，以防污物进入配水管网。出水管管口应设置闸阀。水箱的进出水管宜分别设置，当进出水管为同一条管道时，应在出水管上装设止回阀。

　　③ 溢流管：溢流管口应高于设计最高水位 50mm，管径应比进水管大 1 ～ 2 号。溢流管上不得装设阀门，溢流管不得与排水系统连接，必须经过间接排水。

　　④ 排污管（泄水管）：排污管为放空水箱和冲洗箱底积存污物而设置，管口由水箱最底部接出，管径 40 ～ 50mm，在排污管上应加装阀门。

　　⑤ 水位信号管：安装在水箱壁溢流管口以下，管径为 15mm，信号管另一端通到经常有值班人员的房间污水池上，以便随时发现水箱浮球阀失灵而及时修理。

　　⑥ 通气管：供生活饮用水的水箱应设密封箱盖，箱盖上设检修人孔和通气管，通气管上不得加装阀门，通气管径一般不小于 50mm。

　　⑦ 人孔、内外人梯：为便于清洗、检修，箱盖上应设人孔。

　　（2）水箱的布置　给水水箱一般布置在净高不低于 2.2m，采光通风良好的水箱间内，室内温度不低于 5℃，如有冻结可能，箱体应保温。信号管、溢流管上不得装设阀门。

4.1.7　排水管材及卫生器具

4.1.7.1　排水管材

　　建筑排水系统常用的管材有铸铁排水管、塑料排水管。

二维码10　排水
管材及卫生设备

　　（1）铸铁排水管　铸铁排水管具有耐腐蚀、寿命长、价格便宜等优点。
　　铸铁排水管连接方式有承插连接和法兰连接，接口分为刚性接口和柔性接口两种。刚性接口可采用承插连接，接口方法有石棉水泥接口、青铅接口、沥青水泥砂浆接口、水泥砂浆接口等。柔性接口方法有法兰压盖螺栓连接和不锈钢带卡紧螺栓连接。由于新材质塑料管材的应用，铸铁排水管现在主要用于室外排水、室内埋地管道。

（2）塑料排水管　目前在建筑内使用的塑料排水管是硬聚氯乙烯管（简称 UPVC 管）。UPVC 管具有良好的化学稳定性、耐腐蚀性、重量轻、内外表面光滑、不易结垢、容易切割等特点，正常情况下使用寿命达 50 年以上。塑料排水管连接方式有密封胶粘接、橡胶圈连接、螺纹连接等。

为消除 UPVC 管受温度变化影响而产生的伸缩，通常采用设置伸缩节的方法，一般立管应每层设一个伸缩节。

4.1.7.2　卫生器具

卫生器具是用来收集和排除生活及生产中产生的污废水的设备，是建筑给排水系统的重要组成部分。卫生器具要求表面光滑易于清洗、不透水、耐腐蚀、耐冷热且有一定的强度。卫生器具的材质有陶瓷、搪瓷、不锈钢、人造玛瑙、塑料、玻璃钢等。卫生器具按用途可分为：便溺用卫生器具、盥洗沐浴用卫生器具、洗涤用卫生器具、地漏及存水弯等。

（1）便溺用卫生器具

① 大便器，分为坐式大便器和蹲式大便器两种，如图 4-37、图 4-38 所示。坐式大便器本身带有存水弯，冲洗设备一般为低水箱或延时自闭冲洗阀。坐式大便器多装设在住宅、宾馆或其他高级建筑内。蹲式大便器分为高水箱冲洗、低水箱冲洗、自闭冲洗阀冲洗三种，多用于集体宿舍、学校、办公楼等公共卫生间。

图4-37　坐式大便器

图4-38　蹲式大便器

② 小便器，多为陶瓷制品，有挂式、立式和小便槽三种。其用于标准较高的建筑中，多为成组设置。挂式小便器悬挂在墙上，多采用截止阀冲洗；立式小便器和小便槽多用于公共卫生间、集体宿舍和教学楼的男厕中，如图 4-39 所示。

(a) 挂式小便器

(b) 立式小便器

图4-39　小便器

（2）盥洗沐浴用卫生器具

① 洗脸盆。洗脸盆装设在盥洗室、浴室、卫生间处供洗漱用。洗脸盆多用带釉陶瓷制成，形状有长方形、半圆形、三角形，架设方式有墙架式、柱架式、台式三种。洗脸盆安装如图4-40、图4-41所示。

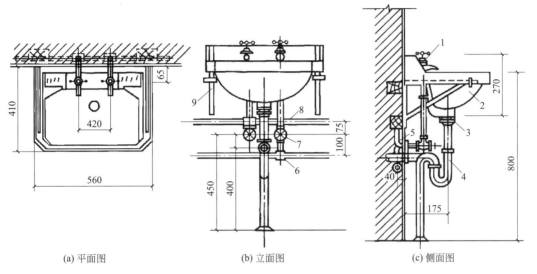

(a) 平面图 (b) 立面图 (c) 侧面图

图4-40　墙架式洗脸盆的安装

1—水龙头；2—洗脸盆；3—排水栓；4—存水弯；5—弯头；6—三通；7—角式截止阀；8—热水管；9—托架

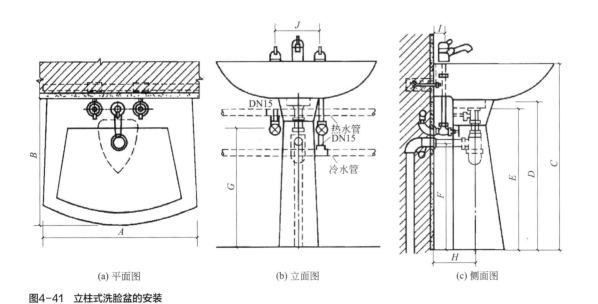

(a) 平面图 (b) 立面图 (c) 侧面图

图4-41　立柱式洗脸盆的安装

② 盥洗槽。大多装设在公共建筑物的盥洗室和工厂生活间内，可做成单面长方形和双面长方形，常用钢筋混凝土现场浇筑、瓷砖或水磨石贴面制成。

③ 浴盆。一般用陶瓷、搪瓷、玻璃钢、塑料等制成，形状有长方形、正方形、椭圆形，如图4-42所示。

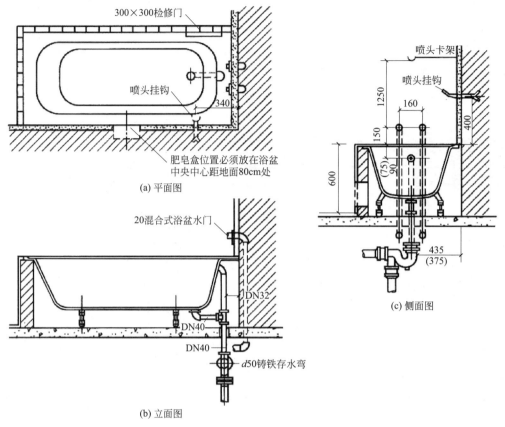

图4-42 浴盆安装

④ 淋浴器。淋浴器与浴盆比较，有较多的优点，其占地少、造价低，清洁卫生，常见形式有单管和双管两种，广泛应用在工厂生活间，机关、学校的浴室中。

（3）洗涤用卫生器具 洗涤用卫生器具是供人们洗涤器皿之用，主要有洗涤盆、污水盆、化验盆等。

① 洗涤盆，设置在厨房内或公共食堂内，供洗涤蔬菜、食物、碗碟等使用。洗涤盆材质有陶瓷、不锈钢等，如图 4-43 所示。

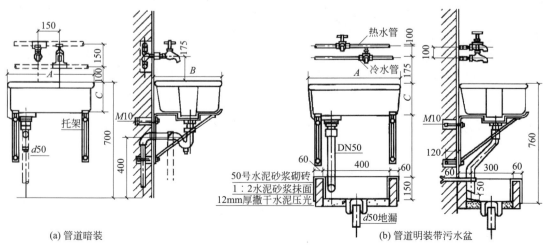

图4-43 洗涤盆安装图

② 污水盆，设置在公共卫生间、盥洗室内，多为陶瓷制品。污水池多以水磨石预制而成，按照安装高度可分为落地式和挂墙式两类。

（4）地漏及存水弯

① 地漏，在卫生间、浴室、洗衣房及工厂车间内，为了便于排除地面积水，必须设置地漏。地漏装在地面最低处，应低于地面 $5 \sim 10mm$，地面应有不小于1%的坡度坡向地漏，如图4-44。

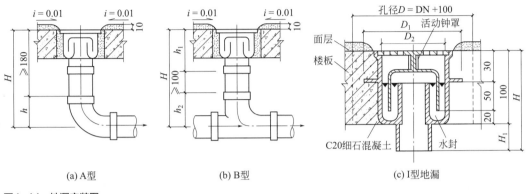

(a) A型　　　　(b) B型　　　　(c) I型地漏

图4-44　地漏安装图

② 存水弯，排水管排出的生活污水中含有较多的污物，污物腐化会产生恶臭且有害的气体，为防止排水管道中的气体侵入室内，在排水系统中需设存水弯。常用存水弯的形状有P形、S形。

4.2　给排水工程施工图识读

4.2.1　给排水施工图的组成

室内给排水施工图包括文字部分和图示部分。文字部分包括图纸目录、设计施工说明、设备材料表和图例；图示部分包括平面图、系统图和详图。

4.2.1.1　文字部分

（1）图纸目录　图纸目录包括设计人员绘制的图纸部分和选用的标准图部分。图纸目录显示设计人员绘制图纸的顺序，便于查阅图纸。

（2）设计施工说明　凡是图纸中无法表达或表达不清但又必须为施工技术人员所了解的内容，均应用文字说明。文字说明应力求简洁。设计说明应包含如下内容：设计概况、设计内容、引用规范、施工方法等。例如：给排水管材以及防腐、防冻、防结露的做法；管道的连接、固定、竣工验收的要求；施工中特殊情况的技术处理措施；施工方法要求必须严格遵循的技术规程、规定等。如有水泵、水箱等设备，还应写明型号、规格及运行要点等。

工程中选用的主要材料及设备，应列表注明。表中应列出材料的类别、规格、数量，设备的品种、规格和主要尺寸。

（3）设备材料表　设备材料表中列出图纸中用到的主要设备的型号、规格、数量及性能要求等。设备材料表主要包括设备材料的序号、名称、型号规格、单位、数量和备注等项目。施工中涉及的其他设备、管材、阀门、仪表等也应列入表中。

二维码11　室内给排水
工程施工图识读

（4）图例　施工图中的管道及附件、管道连接、卫生器具和设备仪表等，一般采用统一的图例表示。《建筑给水排水制图标准》中规定了工程中常用的图例，见表4-6。

表4-6　室内给排水常用图例

名称	图例	名称	图例
生活给水管	—— J ——	检查口	
生活污水管	—— SW ——	清扫口	—◎（ᴸ）
通气管	—— T ——	地漏	—● （ᴸ）
雨水管	—— Y ——	浴盆	
水表		洗脸盆	
截止阀		蹲式大便器	
闸阀		坐式大便器	
止回阀		洗涤池	
蝶阀		立式小便器	
自闭冲洗阀		室外水表井	
雨水口		矩形化粪池	
存水弯		圆形化粪池	
消火栓		阀门井（检查井）	

注：表中括号内为系统图图例。

4.2.1.2　图示部分

给排水施工图图示部分包括给排水平面图、系统图和详图。

4.2.2　给排水施工图的表示

4.2.2.1　比例

① 给水排水专业制图常用的比例，宜符合表4-7规定。

表4-7　给水排水专业制图常用的比例

名称	比例	备注
区域规划图、区域位置图	1：50000、1：25000、1：10000 1：5000、1：2000	宜与总图专业一致
总平面图	1：1000、1：500、1：300	宜与总图专业一致
管道纵断面图	纵向：1：200、1：100、1：50 横向：1：1000、1：500、1：300	
水处理厂（站）平面图	1：500、1：200、1：100	
水处理构筑物，设备间， 卫生间，泵房等平、剖面图	1：100、1：50、1：40、1：30	
建筑给水排水平面图	1：200、1：150、1：100	宜与建筑专业一致
建筑给水排水轴测图	1：150、1：100、1：50	宜与相应图样一致
详图	1：50、1：30、1：20、1：10、1：5、 1：2、1：1、2：1	

② 在管道纵断面图中，可根据需要对纵向与横向采用不同的组合比例。

③ 在建筑给排水轴测图中，若局部表达有困难时，该处可不按比例绘制。

④ 水处理流程图、水处理高程图和建筑给排水系统原理图均不按比例绘制。

4.2.2.2　标高

标高以 m 为单位，一般标注小数点后三位。室内工程应标注相对标高；室外工程宜标注绝对标高，当无绝对标高资料时，可标注相对标高，但应与专业总图一致。压力管道应标注管中心标高；沟渠和重力流管道宜标注沟（管）内底标高。在下列部位应标注标高：沟渠和重力流管道的起讫点、转角点、连接点、变坡点、变尺寸（管径）点及交叉点；压力流管道中的标高控制点；管道穿外墙、剪力墙和构筑物的壁及底板等处；不同水位线处；构筑物和土建部分的相关标高。

标高的标注方法应符合下列规定：

① 平面图中，管道标高应按图 4-45 的方式标注。

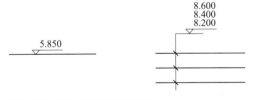

图4-45　平面图标高的表示方法

② 平面图中，沟渠标高应按图 4-46 的方式标注。

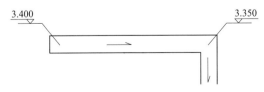

图4-46　沟渠标高的表示方法

③ 剖面图中，管道及水位的标高应按图 4-47 的方式标注。

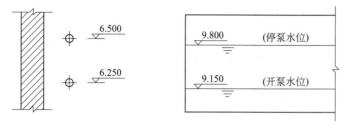

图4-47   剖面图标高表示方法

④ 轴测图中，管道标高应按图 4-48 的方式标注。

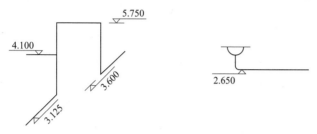

图4-48   轴测图标高表示方法

⑤ 在建筑工程中，管道也可标注相对本层建筑地面的标高，标注方法为 $h+\times.\times\times\times$，$h$ 表示本层建筑地面标高，如 $h+0.250$。

4.2.2.3　管径

管径应以 mm 为单位。管径的表达方式应符合下列规定：

① 水煤气输送钢管（镀锌或非镀锌）、铸铁管等管材，管径宜以公称直径 DN 表示（如 DN15、DN50）。

② 无缝钢管、焊接钢管（直缝或螺旋缝）、铜管、不锈钢管等管材，管径宜以外径 $D\times$ 壁厚表示，如 $D108\times4$、$D159\times4.5$ 等。

③ 钢筋混凝土（或混凝土）管、陶土管、耐酸陶瓷管、缸瓦管等管材，管径宜以内径 d 表示，如 $d230$、$d380$ 等。

④ 塑料管材，管径宜按产品标准的方法表示。

⑤ 当设计均用公称直径 DN 表示管径时，应有公称直径 DN 与相应产品规格对照表。

管径的标注方法如图 4-49 所示。

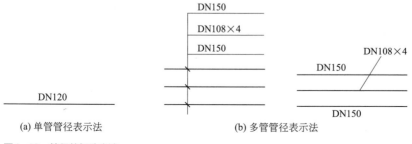

图4-49   管径的标注方法

4.2.2.4　系统编号

管道应按系统加以标记和编号，给水系统一般以一条引入管为一个系统，排水系统以一条排出管为一个系统。当建筑物引入管或排出管的数量超过 1 个时，宜进行分类编号，如图 4-50 所示。

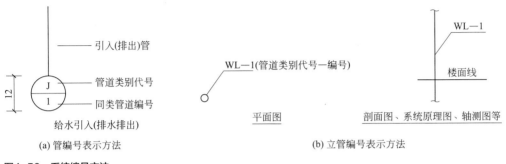

图4-50　系统编号方法

4.2.2.5　坡度

坡度符号可标在管子上方或下方，其箭头所指一端是管子的低端，一般表示为 $i = \times\times\times$，如图 4-51 所示。

$i = 0.003$
数字表示坡度
箭头为坡向方向

图4-51　坡度的表示方法

4.2.3　图纸的基本内容

4.2.3.1　给水、排水平面图

给水、排水平面图应表达给水排水管线和设备的平面布置情况。

建筑内部给排水，以选用的给排水方式来确定平面布置图的数量。底层及地下室必须绘制；顶层若有水箱等设备，也须单独给出；建筑物中间各层，如卫生设备或用水设备的种类、数量和位置均相同，可绘一张标准层平面图，否则，应逐层绘制。一张平面图上可以绘制几种类型管道，若管线复杂，也可分别绘制，以图纸能清楚表达设计意图而图纸数量又较少为原则。平面图中应突出管线和设备，即用粗线表示管线，其余均为细线。平面图的比例一般与建筑图一致，常用的比例尺为 1∶100。

给排水平面图应表达如下内容：用水房间和用水设备的种类、数量、位置等；各种功能的管道、管道附件、卫生器具、用水设备，如消火栓箱、喷头等，均应用图例表示；各种横干管、立管、支管的管径、坡度等均应标出；各管道、立管均应编号标明。

4.2.3.2 给排水系统图

给水、排水系统图，也称"给水、排水轴测图"，应表达出给排水管道和设备在建筑中的空间布置关系。系统图一般应按给水、排水、热水供应、消防等各系统单独绘制，以便于安装施工和造价计算使用。其绘制比例应与平面图一致。

给排水系统图应表达如下内容：各种管道的管径、坡度、支管与立管的连接处、管道各种附件的安装标高、各立管的编号应与平面图一致。

系统图中对用水设备及卫生器具的种类、数量和位置完全相同的支管、立管可不完全重复绘制但应用文字标明。当系统图立管、支管在轴测方向重复交叉影响视图时，可标号断开，移至空白处绘制。

建筑居住小区的给排水管道，一般不绘系统图，但应绘管道纵断面图。

4.2.3.3 详图

凡平面图、系统图中局部构造因受图面比例影响而表达不完善或无法表达时，必须绘制施工详图。详图中应尽量详细注明尺寸，不应以比例代替尺寸。

施工详图首先应采用标准图、通用施工详图，如卫生器具安装、排水检查井、阀门井、水表井、雨水检查井、局部污水处理构筑物等，均有各种施工标准图。

4.2.4 给排水施工图识读步骤

给排水施工图的识读，首先查看设计施工说明，然后识读施工图，识图时把平面图和系统图对照起来看，最后结合平面图和系统图、设计施工说明、标准图集看详图，具体步骤包括以下几点：

① 看文字部分，明确设计要求，了解工程概况。

② 看平面图，查明建筑物情况及主要用水房间。

③ 给排水平面图的识读，包括以下内容：查明卫生器具、给水排水设备的类型、数量、安装位置、定位尺寸；查明给水引入管和排水排出管的平面位置和走向；查明给排水干管、立管、横支管的平面位置和走向。

④ 给排水系统图的识读，包括以下内容：了解室内给水系统的形式，明确给水管道的空间走向、标高、管道直径及其变化情况，明确阀门及附件的设置位置、规格、数量和安装要求；了解室内排水系统的排水体制，明确排水管道的空间走向、管路分支情况、管径变化情况、横管的坡度、管道各部分的标高、存水弯的形式、弯头、三通的选用等。

⑤ 详图的识读，包括卫生器具的类型、安装形式、设备的型号规格和配管形式等，清楚整个给排水系统的空间走向和具体安装要求。

⑥ 了解管道支吊架形式及设置要求，了解管道油漆、保温及防结露要求等。

4.3　给排水工程量计算

4.3.1　定额内容

给排水工程使用《全国统一安装工程预算定额河北省消耗量定额》（2012）第八册《给排水、采暖、燃气工程》。

4.3.2　定额使用注意事项

4.3.2.1　定额的适用范围

适用于新建、扩建和整体更新改造工程项目中的生活用给水、排水、燃气、采暖热源管道、空调水系统管道及上述各管道系统中的附件、配件、器具安装、小型容器制作安装等。

4.3.2.2　室内外管道界限划分

（1）给水管道　室内外界限以建筑物外墙皮 1.5m 为界，入口处设阀门者以阀门为界。与市政管道的界限以水表井为界；无水表井者，以与市政管道碰头点为界，如图 4-52 所示。

（2）排水管道　室内外界限以出户第一个排水检查井为界。与市政管道界限以与市政管道碰头点为界，如图 4-53 所示。

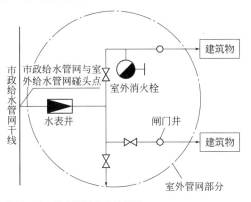

图4-52　给水管道室内外界限

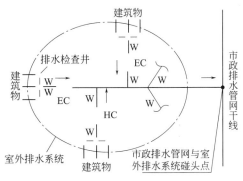

图4-53　排水管道室内外界限

（3）采暖管道　室内外界限以入口阀门或建筑物外墙皮 1.5m 为界。与工业管道界限以锅炉房或泵站外墙皮 1.5m 为界。工厂车间内采暖管道以采暖系统与工业管道碰头点为界。设在高层建筑内的加压泵间管道与采暖管道的界限，以泵间外墙皮为界。

4.3.2.3　定额各项费用的规定

① 设置于管道间、管廊内的管道、阀件（阀门、过滤器、伸缩节、水表、热量表等），

法兰、支架安装，人工乘以系数 1.3。

② 操作高度增加费，操作物高度离楼地面 3.6m 以上时施工时发生的降效费用，以高度增加部分（指由 3.6m 至操作物高度）的人工费、机械费之和为计算基数。

③ 脚手架搭拆费，以定额中实体消耗项目的人工费、机械费之和为基础计算。计算公式如下：

脚手架搭拆费 =（人工费 + 机械费）× 4.2%，其中人工费 =（人工费 + 机械费）× 1.05%。

④ 超高费，建筑高度在 6 层或 20m 以上的工业与民用建筑施工时发生的降效费用。

4.3.2.4　关于定额中规定的系数计算

定额中有三类不同的调整系数：一是定额系数，如三通调节阀安装；二是子目系数，包括操作高度增加费、管道井及管廊施工等；三是综合计算系数，包括脚手架搭拆费、超高费、采暖工程系统调整费以及其他措施费等。计算时定额系数列入子目系数的计算基础，定额系数与子目系数列入综合系数的计算基础。

4.3.3　给排水工程量计算规则

4.3.3.1　管道安装

·（1）各种管道长度　按设计图示管道中心线长度，以延长米计算，以"10m"为计量单位，不扣除阀门、管件（包括减压器、疏水器、水表、伸缩器等组成安装）所占的长度。

管道安装项目包括以下内容：

① 管道及接头零件安装。

② 水压试验或灌水试验。

③ 室内 DN32 及以下的给水、采暖管道均已包括管卡及托钩制作安装。

④ 钢管包括弯管制作与安装（伸缩器除外）。

⑤ 铸铁排水管、塑料排水管均包括管卡及托吊支架、透气帽制作安装。

管道安装不包括以下内容：

① 室内外管道沟土方及管道基础。

② DN32 以上的给水、采暖管道支架按相应管道支架另行计算。

③ 管道安装中不包括法兰、阀门及伸缩器的制作、安装，按相应项目另行计算。

其他说明如下：

① 室内外给水铸铁管包括接头零件所需的人工，但接头零件价格应另行计算。

② 室内塑料排水管综合考虑了消音器安装所需的人工，但消音器本身的价格应按设计要求另行计算。

③ 管道（钢管、不锈钢管）卡箍、卡套连接可执行钢管（沟槽连接）相应项目。

④ 公称直径大于 100mm 的镀锌钢管焊接时，可执行钢管（焊接）相应项目，焊口二次镀锌费用据实计算。

⑤ 钢套管、塑料套管、铁皮套管制作安装定额是按被套管管径编制的。

⑥ 管径小于 DN32 的管道支架是按利用膨胀螺栓安装成品管卡考虑的，如使用吊架安装，吊架的预埋件、吊杆另行计算。

⑦ 铜管安装中包括接头零件所需人工，但接头零件价格应另行计算。

⑧ 生活排水采用同层排水系统时，接头零件、排水汇集器价格可按设计要求另行计算，人工不变。

（2）各种套管制作、安装　均按主管直径分列项目，按设计图示数量以"个"为计量单位计算。

（3）阻火圈安装　按设计图示数量以"10 个"为计量单位计算。

（4）管道支架制作安装　按设计要求以"100kg"为计量单位计算。计算公式如下：

$$管道支架重量 = \sum 某种规格支架个数 \times 单个支架重量$$

管道支架个数 = 某种规格管子长度 ÷ 该规格管子支架间距，得数四舍五入取整数。

支架重量计算规定如下：

① 图 4-54 为沿墙安装托钩式支架安装示意图。表 4-8 为砖墙上托钩支架规格及重量表。

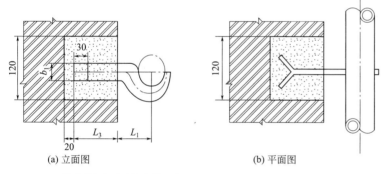

(a) 立面图　　　(b) 平面图

图4-54　沿墙安装托钩式支架安装示意图

表4-8　砖墙上托钩支架规格及重量

公称直径DN/mm	15	20	25	32	40	50	70	80
规格 $b_1 \times \delta$	15×5	15×5	15×5	20×6	20×6	20×6	25×8	25×8
全长 L/mm	198	208	217	234	245	264	293	315
件数/件	1	1	1	1	1	1	1	1
重量/kg	0.12	0.12	0.13	0.22	0.23	0.25	0.46	0.49

② 安装在混凝土墙、砖墙上的 DN15 ～ DN50 单立管支架如图 4-55 所示，支架重量见表 4-9。

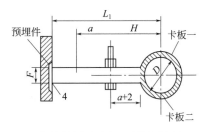 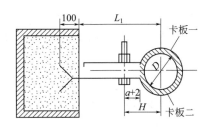

(a) Ⅰ型单管立式支架用于混凝土墙上　　　(b) Ⅱ型单管立式支架用于砖墙上

图4-55　DN15～DN50单立管支架安装示意图

表4-9　安装在混凝土墙、砖墙上的DN15～DN50单立管支架规格及重量表

序号	公称直径DN/mm	管重量/kg		扁钢					六角带帽螺栓带垫		单个支架重量/kg	
				规格	展开长/mm		重量/kg		规格/套	重量/kg	Ⅰ型	Ⅱ型
					Ⅰ型	Ⅱ型	Ⅰ型	Ⅱ型				
				①	②	③	④	⑤	⑥	⑦	⑧=④+⑦	⑨=⑤+⑦
1	15	保温	40	−30×3	237	337	0.17	0.24	M8×40	0.03	0.2	0.27
		不保温	20	−25×3	195	295	0.12	0.17	M8×40	0.03	0.15	0.2
2	20	保温	50	−30×3	251	351	0.18	0.25	M8×40	0.03	0.21	0.28
		不保温	20	−25×3	219	319	0.13	0.19	M8×40	0.03	0.16	0.22
3	25	保温	50	−35×3	282	382	0.23	0.31	M8×40	0.03	0.26	0.34
		不保温	20	−25×3	237	337	0.14	0.2	M8×40	0.03	0.17	0.23
4	32	保温	60	−35×4	316	416	0.35	0.46	M10×45	0.05	0.4	0.51
		不保温	20	−25×3	270	370	0.16	0.22	M8×40	0.03	0.19	0.25
5	40	保温	60	−35×4	342	442	0.38	0.49	M10×45	0.05	0.43	0.54
		不保温	20	−25×3	296	396	0.17	0.23	M8×40	0.03	0.2	0.26
6	50	保温	70	−35×4	374	474	0.41	0.52	M10×45	0.05	0.46	0.57
		不保温	30	−25×3	327	427	0.19	0.25	M8×40	0.03	0.22	0.28

③ 安装在砖墙上的 DN50～DN200单立管支架如图4-56所示，其适用于固定立管直径比较大的管道。规格重量见表4-10。

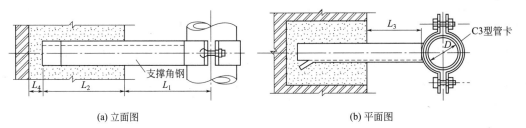

(a) 立面图　　　(b) 平面图

图4-56　DN50～DN200单立管支架安装示意图

表4-10 安装在砖墙上的DN50 ~ DN200单立管支架规格及重量表

序号	公称直径DN /mm	支撑角钢			扁钢管卡			六角带帽螺栓带垫			单个支架重量 /kg
		规格	长度/ mm	重量/kg	规格	展开长 /mm	重量 /kg	规格	数量 /套	重量 /kg	
		①	②	③	④	⑤	⑥	⑦	⑧	⑨	⑩=③+⑥+⑨
1	50	L30×4	184	0.33	−30×4	394	0.38	M10×45	2	0.11	0.82
2	70	L30×4	186	0.33	−40×4	480	0.6	M12×50	2	0.16	1.09
3	80	L36×4	200	0.43	−40×4	520	0.66	M12×50	2	0.16	1.25
4	100	L36×4	227	0.49	−40×4	600	0.76	M12×50	2	0.16	1.41
5	125	L40×4	234	0.57	−50×6	768	1.8	M16×60	2	0.34	2.71
6	150	L40×4	321	0.78	−50×6	846	2	M16×60	2	0.34	3.12
7	200	L40×4	324	0.79	−50×6	1008	2.38	M16×60	2	0.34	3.51

④ 沿墙安装单管托架如图 4-57 所示。规格重量见表 4-11。

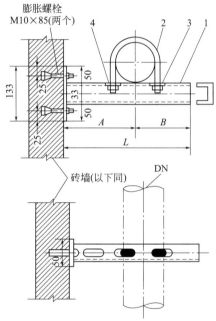

图4-57 沿墙安装单管托架示意图

1—槽钢（角钢）支架；2—圆钢管卡；3—螺母；4—垫圈

表4-11 沿墙安装单管托架规格重量表

序号	公称直径DN /mm	托架间距 /m	支撑角钢			圆钢管卡			螺母垫圈		单个支架 重量/kg
			规格	长度/ mm	重量/kg	规格	展开长/ mm	重量 /kg	规格	重量 /kg	
			①	②	③	④	⑤	⑥	⑦	⑧	⑨=③+⑥+⑧
1	15	保温 1.5	L40×4	370	0.9	8	152	0.06	M8	0.02	0.98
		不保温 1.5	L40×4	330	0.8						0.88

序号	公称直径DN /mm	托架间距 /m		支撑角钢			圆钢管卡			螺母垫圈		单个支架 重量/kg
				规格	长度/ mm	重量/kg	规格	展开长/ mm	重量 /kg	规格	重量 /kg	
				①	②	③	④	⑤	⑥	⑦	⑧	⑨=③+⑥+⑧
2	20	保温	1.5	L40×4	370	0.9	8	160	0.06	M8	0.02	0.98
		不保温	≤3	L40×4	340	0.82						0.9
3	25	保温	1.5	L40×4	370	0.94	8	181	0.07	M8	0.02	1.03
		不保温	≤3	L40×4	350	0.85						0.94
4	32	保温	1.5	L40×4	390	0.94	8	205	0.08	M8	0.02	1.04
		不保温	≤3	L40×4	360	0.87						0.97
5	40	保温	≤3	L40×4	400	0.97	8	224	0.09	M8	0.02	1.08
		不保温	≤3	L40×4	370	0.9						1.01
6	50	保温	≤3	L40×4	410	0.99	8	253	0.1	M8	0.02	1.11
		不保温	≤3	L40×4	380	0.92						1.04
7	70	保温	≤3	L40×4	430	1.04	10	301	0.19	M10	0.03	1.26
		不保温	≤6	L40×4	400	0.97						1.19
8	80	保温	≤3	L40×4	450	1.09	10	342	0.21	M10	0.03	1.33
		不保温	≤6	L40×4	430	1.04						1.28
9	100	保温	≤3	L50×5	480	1.81	10	403	0.25	M10	0.03	2.09
		不保温	≤6	L50×5	450	1.7						1.98
10	125	保温	≤3	L50×5	510	1.92	12	477	0.42	M12	0.04	2.38
		不保温	≤6	L50×5	490	1.85						2.31

（5）各种法兰安装 按设计图示数量以"副"为计量单位计算。

（6）各种伸缩器制作安装 均按设计图示数量以"个"为计量单位计算。方形伸缩器的两臂，按臂长的两倍合并在管道长度内计算。

（7）管道消毒、冲洗 均按设计图示管道中心线长度，以延长米计算，以"100m"为计量单位，不扣除阀门、管件所占的长度。如设计要求仅冲洗不消毒时，应扣除材料费中漂白粉的含量，其余不变。

（8）连接卫生洁具的给水、排水管道 图纸设计有明确要求的，按设计要求计算；没有明确要求的，给水管道计算至卫生洁具进水阀门处（角阀、自闭冲洗阀等），排水管道计算至出楼地面、墙面10cm处。

4.3.3.2 阀门、浮标液面计安装

（1）各种阀门安装 均按设计图示数量以"个"为计量单位计算。

① 螺纹阀门安装适用于各种内外螺纹连接的阀门安装，未计价材中"阀门连接件"是指活接头、外螺纹接头或外牙直通等连接管件，若设计数量与定额不同时，可做调整，人工不变。

②　法兰阀门安装适用于各种法兰阀门的安装，若仅为一侧法兰连接时，法兰、带帽螺栓及钢垫圈数量减半。

③　三通调节阀安装按相应阀门安装项目乘以系数 1.5。

④　阀门（热熔连接）项目适用于与管道直接热熔连接的阀门，如阀门通过外牙直通与管道连接，应执行螺纹阀门安装项目。

（2）法兰阀（带短管甲乙）安装　均按设计图示数量以"套"为计量单位计算，如接口材料不同时，可作调整。

（3）浮球阀安装　均按设计图示数量以"个"为计量单位计算。已包括联杆及浮球的安装，不得另行计算。

（4）浮标液面计　按设计图示数量以"组"为计量单位计算。

4.3.3.3　低压器具、水表组成与安装

（1）减压器、疏水器组成安装　按设计图示数量以"组"为计量单位计算。

减压器、疏水器组成与安装是按《采暖通风国家标准图集》编制的，如实际组成与此不同时，阀门和压力表数量可按设计用量进行调整。减压器安装按其高压侧的直径规格套用相应项目。

（2）水表安装　按设计图示数量以"组"为计量单位计算。

螺纹水表安装中的"水表连接件"是指活接头、内牙直通、外牙直通等管件。带旁通管及止回阀的法兰水表安装是按河北省《05 系列建筑标准设计图集》编制的，如实际安装形式与定额不同时，阀门、管件数量可按设计用量进行调整。水表安装不分冷、热水表，均执行水表组成安装相应项目；定额已包括配套阀门的安装人工及材料，若阀门或管件材质不同时，可按实际调整，如图 4-58 所示。

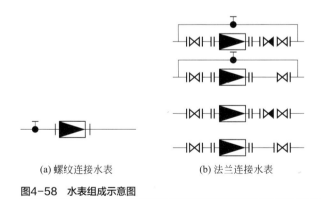

(a) 螺纹连接水表　　　　(b) 法兰连接水表

图4-58　水表组成示意图

（3）户用热量表安装　按设计图示数量以"组"为计量单位计算。热量表安装不包括电气接线。

4.3.3.4　卫生器具制作安装

（1）卫生器具组成安装　按设计图示数量以"10 组"为计量单位计算。

① 浴盆安装适用于各种型号和材质的浴盆，但不包括浴盆支座和浴盆周边的砌砖、瓷砖粘贴。

② 洗脸盆、洗涤盆适用于各种型号，但台式洗脸盆安装不包括台板及支架。

③ 化验盆安装中的单联、双联、三联化验龙头适用于成品件安装。

④ 蹲式大便器安装，已包括了固定大便器的垫砖，但不包括大便器蹲台砌筑。

（2）大便槽、小便槽自动冲洗水箱安装　按设计图示数量以"10套"为计量单位计算。大、小便槽水箱托架安装已按标准图集计算在相应项目内。

（3）消毒器、消毒锅、饮水器、太阳能热水器、公共直接饮用水设备、自动加压供水设备安装　按设计图示数量以"台"为计量单位计算。

太阳能热水器安装未包括上、下水管安装，应执行"管道安装"相应项目。

4.3.3.5　小型容器制作安装

（1）钢板水箱制作　按设计图示尺寸，不扣除人孔、手孔重量，以"100kg"为计量单位计算。

① 各种水箱安装均未包括连接管，可执行室内管道安装相应项目。

② 各类水箱均未包括支架制作安装，如为型钢支架，应执行"一般管道支架"项目，混凝土或砖支座可按土建相应项目执行。

③ 水箱制作包括水箱本身及人孔的重量。法兰、短管、水位计、内外人梯均未包括在定额内，发生时可另行计算。

④ 成品玻璃钢水箱安装按水箱容量执行钢板水箱安装项目，人工乘以系数0.9。

（2）钢板水箱安装　按国家标准图集水箱容量按体积大小执行相应项目，以"个"为计量单位计算。

4.4　给排水工程案例

4.4.1　工程概况

某市区一栋有地下室的三层办公楼，层高3m，一层地面标高为±0.000，图4-59为卫生间给排水平面图，图4-60为给水系统图，图4-61为排水系统图。

已知：给水管道为聚丙烯（PP-R）管，热熔连接，排水管道为硬聚氯乙烯（UPVC）管，密封胶粘接，所有管道穿外墙处做刚性防水套管，给水管穿楼板处加钢套管，排水管穿楼板处加阻火圈，平面图尺寸单位为mm，系统图标高单位为m。排水管出口自外墙距离排水检查井5m，坐便器排水管水平支管长0.2m，坐便器给水支管不计。

任务要求：

① 按照《全国统一安装工程预算定额河北省消耗量定额》（2012）有关工程量计算规则计算工程量。

② 套定额计算直接工程费。

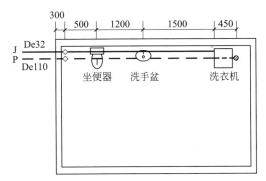

图4-59　卫生间给排水平面图

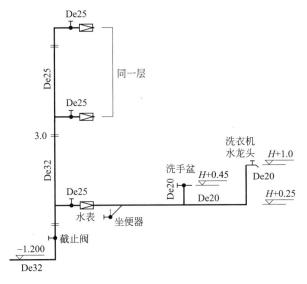

图4-60　给水系统图

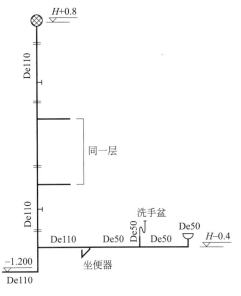

图4-61　排水系统图

4.4.2　工程量计算

根据《全国统一安装工程预算定额河北省消耗量定额》(2012)计算规则,计算工程量,详见表 4-12。

表4-12　排水工程量汇总表

序号	项目名称	单位	数量	计算过程
1	PP-R管De32	m	6.25	1.5(外墙皮1.5)+0.3(外墙皮至立管)+(1.2+3.0+0.25)(立管长度)=6.25
2	PP-R管De25	m	8.1	3.0(二层至三层立管)+(0.5+1.2)×3(立管至洗手盆长度,共三层)=8.1
3	PP-R管De20	m	7.35	[1.5(洗手盆至洗衣机水嘴水平长度)+(0.45-0.25)(洗手盆支管,算至角阀处)+(1.0-0.25)(洗衣机支管长度)]×3(共3层)=7.35
4	UPVC管De110	m	19.6	5.0(外墙至检查井距离)+0.3(外墙皮至立管)+(1.2+3×3+0.8)(立管长度)+(0.5+0.2)×3(立管至坐便器水平距离,水平支管长度,共3层)+0.4×3(坐便器出水管,共3层)=19.6
5	UPVC管De50	m	12.15	[(1.2+1.5+0.45)(坐便器至地漏水平长度)+0.4(地漏至地面高度)+(0.4+0.1)(洗手盆支管出地面高度)]×3(共3层)=12.15
6	截止阀DN25	个	1	
7	水表DN20	组	3	
8	洗衣机水嘴DN15	个	3	
9	洗手盆	组	3	
10	坐便器	组	3	
11	塑料地漏De50	个	3	
12	刚性防水套管DN100	个	1	
13	刚性防水套管DN32	个	1	
14	钢套管DN32	个	2	
15	钢套管DN25	个	1	
16	阻火圈	个	3	

4.4.3　计算直接工程费

根据工程量套用《全国统一安装工程预算定额河北省消耗量定额》(2012),计算直接工程费,详见表 4-13。

表4-13　安装工程预算表

工程名称：某市区办公楼给排水

序号	定额编号	分部分项工程名称	单位	数量	单价/元				合价/元			
					主材费	基价	人工费	其中 机械费	主材费	基价	人工费	其中 机械费
1	8-270	PP-R管De20	10m	0.735	5×10.2	86.69	55.2	0.66	37.49	63.72	40.57	0.49
2	8-271	PP-R管De25	10m	0.81	8×10.2	91.94	58.2	0.66	66.10	74.47	47.14	0.53
3	8-273	PP-R管De32	10m	0.625	10×10.2	101.74	63.0	0.66	63.75	63.59	39.38	0.41
4	8-303	UPVC管De50	10m	1.215	8×9.67	128.19	89.4		93.99	155.75	108.62	
5	8-305	UPVC管De110	10m	1.96	18×8.52	316.36	132.6	0.31	300.59	620.07	259.90	
6	8-416	截止阀DN25	个	1	30×1.01	8.65	6.6		30.3	8.65	6.6	
7	8-544	水表DN20	组	3	50×1	11.54	10.2		150	34.62	30.6	
8	8-633	洗衣机水嘴DN15	10个	0.1	25×10.1	20.02	15.6		25.3	2.0	1.56	
9	8-582	洗手盆	10组	0.3	150×10.1	942.57	259.2		454.5	282.77	77.76	
10	8-610	坐便器	10组	0.3	800×10.1	684.10	333.0		2424	205.23	99.9	
11	8-642	塑料地漏De50	10个	0.3	15×10	93.71	88.2		45	28.11	26.46	
12	6-3100	刚性防水套管制作DN100	个	1	4.5×5.14	156.44	37.2	57.18	23.13	156.44	37.2	57.18
13	6-3098	刚性防水套管制作DN32	个	1	4.5×3.26	98.62	25.2	31.2	14.67	98.62	25.2	31.2
14	6-3116	刚性防水套管安装DN100	个	1		128.66	40.8			128.66	40.8	
15	6-3115	刚性防水套管安装DN32	个	1		88.09	36.6			88.09	36.6	
16	8-331	钢套管制作及安装DN32	个	2	15×0.306	12.68	4.8	0.8	9.18	25.36	9.6	1.6
17	8-330	钢套管制作及安装DN25	个	1	12×0.306	10.31	4.2	0.69	3.67	10.31	4.2	0.69
18	8-351	阻火圈	10个	0.3	50×10	127.62	42		150	38.29	12.6	0.61
		直接工程费合计							3891.67	2084.75	904.69	92.71
		脚手架搭拆费	基价为（人工费+机械费）×4.2%，其中人工费为（人工费+机械费）×1.05%							41.89	10.47	
		其他措施费（略）	计算方法同脚手架搭拆费									
		直接费								2126.64	915.16	92.71

能力训练题

一、单选题

1. 给水系统试验压力一般为工作压力的（　　　）倍，但不得小于 0.6MPa。
   A. 1.0　　　　　　　　　　　　B. 1.2
   C. 1.5　　　　　　　　　　　　D. 2.0

2. 排出管与室外排水管连接处应设检查井，检查井中心到建筑物外墙的距离不宜小于（　　）m，也不宜过长。横干管穿越承重墙或基础时应预留洞口，预留洞口要保证管顶上部净空间不得小于建筑物的沉降量，且不得小于 0.15m。
   A. 1.0　　　　　　　　　　　　B. 2.0
   C. 3.0　　　　　　　　　　　　D. 5.0

3. 排水通气管不得与风道烟道连接，通气管高出屋面 300mm，但必须大于当地最大积雪厚度；在经常有人停留的屋面，应高出屋面（　　　）m。
   A. 1.0　　　　　　　　　　　　B. 2.0
   C. 3.0　　　　　　　　　　　　D. 5.0

4. 排水立管及水平干管应做通球试验，通球直径不小于排水管道管径的 2/3，通球率必须达到（　　　）。
   A. 50%　　　　　　　　　　　　B. 60%
   C. 80%　　　　　　　　　　　　D. 100%

5. （　　　）可开启和关闭水流，也可调节流量。其水流阻力小，但关闭不严密，主要用于管径大于 50mm 的冷热水、采暖、室内煤气等工程的管路或需双向流动的管段。
   A. 闸阀　　　　　　　　　　　　B. 截止阀
   C. 球阀　　　　　　　　　　　　D. 止回阀

6. （　　　）可开启和关断水流，但不能调节流量。其关闭严密，但水流阻力大，安装时注意方向，主要用在管径小于 50mm 的管道上。
   A. 闸阀　　　　　　　　　　　　B. 截止阀
   C. 球阀　　　　　　　　　　　　D. 止回阀

7. （　　　）用来阻止水流的反方向流动。安装时注意方向性，不可装反，主要用于水泵出口、水表出口等处。
   A. 闸阀　　　　　　　　　　　　B. 截止阀
   C. 球阀　　　　　　　　　　　　D. 止回阀

8. （　　　）属于自动阀类，主要用于锅炉、压力容器和管道上，控制压力不超过规定值，对人身安全和设备运行起重要保护作用。
   A. 闸阀　　　　　　　　　　　　B. 安全阀
   C. 球阀　　　　　　　　　　　　D. 止回阀

9. 水箱进水管一般由水箱侧壁接入，其中心距箱顶 150 ～ 200mm 的距离。进水管上通常加装（　　　）来控制水箱内水位。

A. 闸阀　　　　　　　　　　B. 安全阀

C. 浮球阀　　　　　　　　　D. 止回阀

10. 地漏装在地面最低处，应低于地面 5～10mm，地面应有不小于（　　　）的坡度坡向地漏。

A. 0.5%　　　　　　　　　　B. 1%

C. 2%　　　　　　　　　　　D. 3%

二、多选题

1. 建筑室内给水系统按用途基本上可分为（　　　）等。

A. 生活给水系统　　　　　　B. 生产给水系统

C. 消防给水系统　　　　　　D. 雨水系统

2. 室内排水系统按系统排除污废水类型不同，可分为（　　　）几大类。

A. 生活排水系统　　　　　　B. 工业污废水系统

C. 雨雪水系统　　　　　　　D. 中水系统

3. 通气管系统，是使室内排水管与大气相通，减少排水管内空气的压力波动，保护存水弯的水封不被破坏。常用的形式有（　　　）和安全通气管等。

A. 专用通气管　　　　　　　B. 结合通气管

C. 器具通气管　　　　　　　D. 环形通气管

4. 给水管道内外分界线划分是以（　　　）为界。

A. 以建筑物外墙皮1.5m为界

B. 入口处设阀门者以阀门为界

C. 与市政管道界限以水表井为界，无水表井者以与市政管道碰头点为界

D. 以建筑物外墙皮2.5m为界

5. 排水管道室内外界限划分是以（　　　）为界。

A. 以出户第一个排水检查井为界

B. 与市政管道界限以与市政管道碰头点为界

C. 入口处设阀门者以阀门为界

D. 以建筑物外墙皮1.5m为界

三、判断题

1. 排水管不得穿越卧室、客厅，不得穿行在食品或贵重物品储藏室、变电室、配电室，不得穿越烟道等。（　　　）

2. 排水管道不宜穿越容易引起自身损坏的地方，如建筑沉降缝、伸缩缝、重载地段和冰冻地段。（　　　）

3. 旋翼式水表的叶轮轴与水流方向垂直，水流阻力大，计量范围小，多为小口径水表，宜用于测量小流量。（　　　）

4. 螺翼式水表的叶轮轴与水流方向平行，水流阻力小，多为大口径水表，宜用于测量较大流量。（　　　）

5. 计算管道安装工程量，按图示管道中心线以"m"为计量单位，不扣除阀门、管件

（包括减压器、疏水器、伸缩器等组成安装）所占长度。（　　　）

6. 管道支架制作安装，室内镀锌及焊接钢管（螺纹连接）公称直径 32mm 以下的钢管安装工程已包括管卡及托钩制作安装，不得另行计算。公称直径 32mm 以上的，可另行计算。（　　　）

7. 管道安装中包括法兰、阀门及伸缩器的制作、安装，按相应项目另行计算。（　　　）

8. 各种套管制作、安装，均按主管直径分列项目，按设计图示数量以"个"为计量单位计算。（　　　）

9. 三通调节阀安装按相应阀门安装项目乘以系数 1.5。（　　　）

10. 减压器安装按其低压侧的直径规格套用相应项目。（　　　）

11. 操作高度增加费（已考虑了操作高度增加因素的项目除外）是操作物高度离楼地面 3.6m 以上时施工发生的降效费用，以高度增加部分（指由 3.6m 至操作物高度）的人工费、机械费之和为计算基数。（　　　）

12. 超高费是高度在 7 层或 20m 以上的工业与民用建筑施工时发生的降效费用。（　　　）

四、计算题

工程概况：

① 本工程为某市高铁站东配楼，建筑面积 3630.39m²，建筑高度为 9.90m。

② 建筑物一层生活用水由市政管网直接供给，二层由 1 号建筑物水泵房内生活用水变频加压设备供给。排水采用污废合流制。

③ 管材、接口及防腐：生活给水管（水管），采用 PP-R 管，电热熔连接；生活给水管（立管与横干管），采用 PSP 钢塑复合管，扩口或内胀或连接；排水采用 UPVC 管，粘接连接。给水管道必须采用或与管材相适应的管件。生活给水系统所涉及的材料必须达到饮用水卫生标准。

④ 管道安装完毕，给水系统做水压试验、消毒和冲洗。排水管道做灌水试验。

⑤ 其他未尽事宜详见本书配套电子资源。

工作任务：

根据图纸计算给排水工程量并套定额计算直接费。

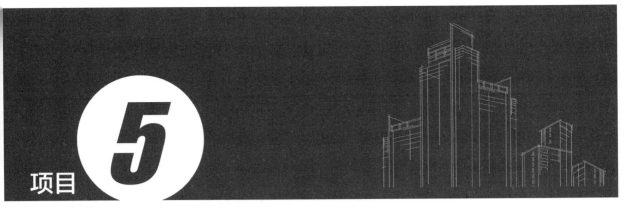

项目 **5**

采暖工程识图与计价

知识目标

1. 熟悉采暖系统的组成、分类；

2. 了解自然循环热水采暖系统，熟悉机械循环热水采暖系统的组成；

3. 了解蒸汽采暖系统；

4. 熟悉《全国统一安装工程预算定额河北省消耗量定额》（2012）内容，掌握采暖工程量计算规则。

技能目标

1. 能够熟练识读采暖施工图；

2. 能够根据工程量计算规则计算工程量；

3. 能够熟练套用定额，计算直接费，进而计算工程造价。

情感目标

通过分组讨论学习，使学生能够顺利掌握采暖工程量计算和套定额计算工程造价，让每个学生充分融入学习情境中，激发学生的学习兴趣，形成良好的学习习惯。通过各小组多方位合作，培养学生团队合作、互助互学的精神，形成正确的世界观、价值观和人生观。

5.1 采暖工程基础知识

5.1.1 采暖系统的组成与分类

在冬季，室外气温较低，室内的热量通过建筑物的外墙、外门、外窗、顶棚和地面不断向外散失，使室内的温度降低，进而影响建筑物的正常使用。为了保持室内的设定温度，必须向室内供给相应的热量，把这种向室内供给热量的系统称为采暖系统。

二维码13 采暖
工程的分类与组成

5.1.1.1 采暖系统的组成

采暖系统由热源、管道系统和散热设备三部分组成。

① 热源，是指使燃料产生热能并将热媒加热的部分，如热水锅炉、蒸汽锅炉、工业余热等。

② 管道系统，是指热源和散热设备之间的管道，包括供水管、回水管以及附件等。

③ 散热设备，是将热量散入室内的设备，如散热器、暖风机、辐射板等。

5.1.1.2 采暖系统的分类

（1）按采暖范围分类　根据采暖的范围，可分为局部采暖系统、集中采暖系统和区域采暖系统。

① 局部采暖系统：热源、管道、散热设备在构造上连成一个整体的采暖系统称为局部采暖系统，如火炉、火炕、火墙、电热采暖、燃气采暖等。

② 集中采暖系统：锅炉单独设置在锅炉房内，热媒通过管道系统送至一幢或几幢建筑物的采暖系统，称为集中采暖系统。

③ 区域采暖系统：由锅炉房或换热站提供热媒，向一个或几个生活区、商业区提供热量，如图5-1所示。

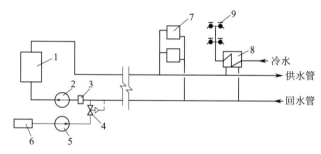

图5-1　区域热水锅炉房集中采暖系统

1—热水锅炉；2—循环水泵；3—除污器；4—压力调节阀；5—补给水泵；6—补充水处理装置；7—供暖散热器；8—生活热水加热器；9—水龙头

（2）按热媒分类　按照热源和热媒不同，采暖可分为：热水采暖、蒸汽采暖、热风采暖、烟气采暖、地源热泵采暖等。

① 热水采暖：以热水作为热媒。根据热媒温度不同，又分为低温热水采暖系统（供回水设计温度通常为95/70℃）和高温热水采暖系统（供水温度高于100℃）。

② 蒸汽采暖：以水蒸气作为热媒。按蒸汽压力不同可分为：低压蒸汽采暖，表压力低于或等于70kPa；高压蒸汽采暖，表压力高于70kPa；真空蒸汽采暖，压力低于大气压强。

③ 热风采暖：以热空气作为热媒，即把空气加热到适当的温度（一般为35～50℃）直接送入房间，暖风机、热风幕就是热风采暖的典型设备。

④ 烟气采暖：它是直接利用燃料在燃烧时所产生的高温烟气，在流动过程中向房间散出热量，以满足采暖要求，火炉、火墙、火炕等形式都属于这一类。

⑤ 地源热泵采暖：地源热泵是以岩土体、地层土壤、地下水或地表水为低温热源，由地源热泵机组、地热能交换系统、建筑物内系统组成的供热中央空调系统。根据地热能交换系统形式的不同，地源热泵系统分为地埋管地源热泵系统、地下水地源热泵系统和地表水地源热泵系统。

（3）按照采暖时间分类　可分为连续采暖、间歇采暖与值班采暖。

① 连续采暖：对于全天使用的建筑物，为使其室内平均温度全天均能达到设计温度的采暖方式。

② 间歇采暖：对于非全天使用的建筑物，仅使室内平均温度在使用时间达到设计温度，而在非使用时间内可自然降温的采暖方式。

③ 值班采暖：在非工作时间或中断使用的时间内，为使建筑物保持最低室温要求（以免冻结）而设置的采暖方式。

5.1.2　热水采暖系统

热水采暖系统按照循环动力可分为：自然循环热水采暖系统、机械循环热水采暖系统。

5.1.2.1　自然循环热水采暖系统

如图 5-2 所示，系统由散热设备 1（散热器）、热源 2（锅炉）、供水管 3 和回水管 4 组成，为了使系统更好地运行，在系统最高处设置一个膨胀水箱 5，用来容纳系统水受热后膨胀的体积。

在系统运行前，整个系统要充满冷水。系统工作时，水在锅炉中加热，密度变小，热水沿着供水管道上升流入散热器，在散热器内放出热量，温度降低，密度增大，再沿回水管流回锅炉。

假设热水在管道中损失的热量可以忽略不计，在散热器中心和锅炉中心以下两边水的密度相同，实际上水温只在锅炉和散热器两处发生变化。如图 5-2 所示，h 为散热器中心和锅炉中心的高度差，ρ_h 为回水密度，ρ_g 为供水密度，g 为重力加速度，则其循环作用力可简化为

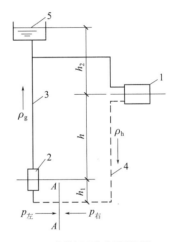

图5-2　自然循环热水采暖系统

1—散热器；2—锅炉；3—供水管；4—回水管；5—膨胀水箱

$gh(\rho_h - \rho_g)$。从该式中可以看出，自然循环作用压力的大小与供、回水的密度差和锅炉中心与散热器中心的垂直距离有关。

当供、回水温度一定时，为了提高采暖系统的循环作用压力，锅炉的位置应尽可能降低。为此，自然循环采暖系统的作用压力一般都不大，作用半径不超过 50m。

膨胀水箱设在系统最高处，以容纳系统水受热后膨胀的体积，并排除系统中的气体。

系统供水干管应顺水流方向设下降坡度，坡度值为 0.5% ～ 1.0%。散热器支管也应沿水流方向设下降坡度，坡度值为 1%，以便空气能逆着水流方向上升，汇集到供水干管最高处设置的膨胀水箱进而排除。回水干管应该有向锅炉方向下降的坡度，以便于系统停止运行或检修时能通过回水干管顺利泄水。

5.1.2.2　机械循环热水采暖系统

（1）机械循环热水采暖系统的组成　机械循环热水采暖系统是依靠水泵提供的动力使

热水流动循环的采暖系统。它的作用压力比自然循环采暖系统大得多，所需管径小，采暖系统形式多样，供热半径长，如图 5-3 所示。机械循环热水采暖系统由热水锅炉、供水管道、散热器、回水管道、循环水泵、膨胀水箱、排气装置、控制附件等组成。

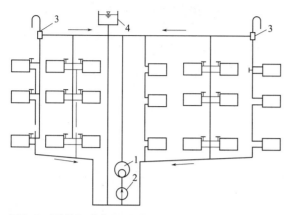

图5-3　机械循环热水采暖系统

1—热水锅炉；2—循环水泵；3—集气罐；4—膨胀水箱

机械循环热水采暖系统同自然循环热水采暖系统相比，有以下不同点：

① 循环动力不同，机械循环以水泵作为循环动力，属于强制流动。

② 膨胀水箱同系统连接点不同，机械循环采暖系统膨胀管连接在循环水泵吸入口一侧的回水干管上，而自然循环采暖系统多连接在热源的出口供水立管顶端。

③ 排气方法不同，机械循环采暖系统利用专门的排气装置（如集气罐）排气，例如上供下回式采暖系统，供水水平干管有沿着水流方向逐渐上升的坡度（俗称"抬头走"，坡度值多为 0.03%），并在最高点设排气装置。

④ 坡度不同，自然循环顺水流方向设下降的坡度，机械循环顺水流方向设上升的坡度。

（2）热水采暖的管网形式　室内采暖系统输送热水的干管和立管的设计布置形式称为供热方式。常用的主要形式有：双管式、单管式、水平式。按照热水在环路所走的路程是否相等，又分为同程式和异程式。

① 双管式系统，各层散热器都有单独的供水管和回水管，热水平行地分配给所有散热器，从散热器流出的回水直接回到锅炉，每组散热器可单独调节，如图 5-4 所示。

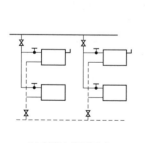
(a) 双管上供下回式

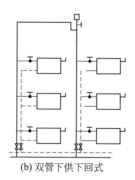
(b) 双管下供下回式

图5-4　双管式采暖系统

② 单管上供下回式采暖系统，该系统供水干管敷设在所有散热器之上（多在顶层天棚下面），水流沿着立管自上而下流过散热器，回水干管设于底层的暖气沟或地下室中。垂直单管系统又分为垂直单管顺流式和垂直单管跨越式两种，如图 5-5 所示。跨越式通过在跨越管上设置三通阀来调节进入散热器的流量，可达到调节室温的目的。

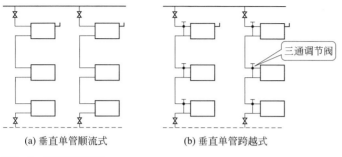

(a) 垂直单管顺流式　　　　　(b) 垂直单管跨越式

图5-5　垂直单管系统

③ 水平串联单管式采暖系统，该系统是一根管水平串联多组散热器的布置形式，这种采暖系统构造简单，施工简便，节省管材，穿楼板次数少，如图 5-6 所示。

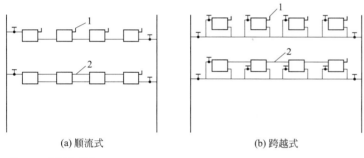

(a) 顺流式　　　　　　　　(b) 跨越式

图5-6　水平串联式

1—放气管；2—空气管

④ 同程式与异程式，热水在环路所走的路程大致相等的系统为同程式系统，否则为异程式系统。同程式系统供热效果好，但初始投资较大。异程式系统造价低，投资少，但易出现近热远冷的水平失调现象。图 5-7 为异程式系统，图 5-8 为同程式系统。

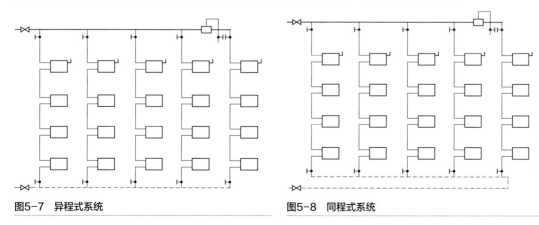

图5-7　异程式系统　　　　　　　　　　**图5-8　同程式系统**

5.1.3 蒸汽采暖系统

5.1.3.1 蒸汽采暖系统的特点

蒸汽作为采暖系统的热媒，与热水相比，具有如下特点：

① 散热器表面温度高，散热器所需面积可减少，但散热器表面温度高，易发生烫伤事故且灰尘易分解出有异味的气体，卫生条件较差。

② 热惰性小，系统的加热和冷却速度都很快，蒸汽和空气交替地充满系统中，房间内温度变化较大。适用于要求加热迅速、采暖时间集中且短暂的影剧院、礼堂、体育馆类的间歇供暖的建筑物中。

③ 使用年限较短，系统间歇运行，管道易被空气氧化腐蚀。

④ 可用于高层系统中，蒸汽的容重小，本身产生的静压力也较小，不会导致低层散热器承受过高的静水压力而破裂，也不必进行竖向分区。

⑤ 热损失较大，会出现疏水器漏气、凝结回水产生二次蒸汽、管件损坏等跑、冒、滴、漏的现象，使得热损失较大。

5.1.3.2 低压蒸汽采暖系统

（1）低压蒸汽采暖系统的工作原理　如图5-9所示，蒸汽锅炉产生的蒸汽通过蒸汽干管、立管及散热器支管进入散热器，蒸汽在散热器中放出热量最后变成凝结水，凝结水经疏水器沿凝结水管流回凝结水箱，由凝结水泵将凝结水送回锅炉重新加热。

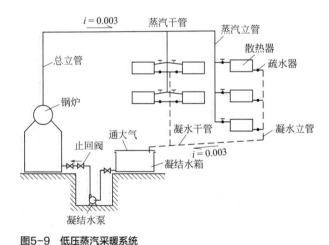

图5-9　低压蒸汽采暖系统

（2）低压蒸汽采暖系统的形式　蒸汽采暖按照布置形式不同，可分为双管上供下回式、双管下供下回式、双管中供下回式、单管上供下回式等。低压蒸汽采暖系统常用的是双管上供下回式系统。

双管上供下回式系统的蒸汽管与凝结水管完全分开，每组散热器可以单独调节。蒸汽干管设在顶层房间的顶棚下，通过蒸汽立管分别向下送气，回水干管敷设在底层房间的地面上或地沟里。蒸汽采暖系统回水管始端必须设有疏水器，用来阻止蒸汽通过，只允许凝结水和不凝性气体通过。疏水器可以每组散热器或每个环路设置一个。

为了保证散热器正常工作，及时排除散热器中的空气，低压蒸汽采暖系统的散热器上要安装自动排气阀，位置在散热器底 1/3 高度处，如图 5-10 所示。

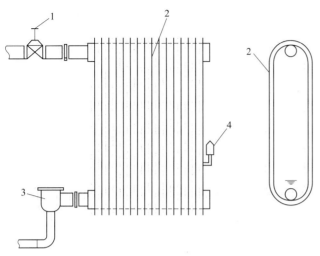

图5-10　低压蒸汽采暖的散热器装置

1—阀门；2—散热器；3—疏水器；4—自动排气阀

这种系统是蒸汽采暖中应用最多的一种，其采暖效果好，可用于多层建筑，但钢材使用较多，造价高。

5.1.3.3　高压蒸汽采暖系统

高压蒸汽采暖系统的热媒为相对压力大于 70kPa 的蒸汽。高压蒸汽采暖系统由蒸汽锅炉、蒸汽管道、减压阀、散热器、凝结水管、疏水器、凝结水池和凝结水泵等组成。

高压蒸汽采暖系统由室外管网引入，在建筑物入口处设有分气缸和减压装置，如图 5-11 所示。

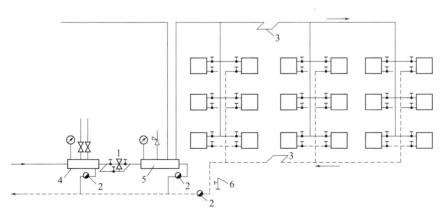

图5-11　高压蒸汽采暖系统

1—减压装置；2—疏水器；3—方形补偿器；4—减压阀前分气缸；5—减压阀后分气缸；6—排气阀

5.1.4 低温地板辐射热水采暖系统

低温地板辐射采暖是一种被公认最舒适的采暖方式，其应用越来越多。低温地板辐射热水采暖与散热器对流采暖相比，具有以下优越性：

① 从节能角度看，热效率提高 20% ~ 30% 左右，即可以降低 20% ~ 30% 的能耗。

② 从舒适角度看，在辐射强度和温度的双重作用下，能形成比较理想的热环境。

③ 室内不需安装散热器和连接散热器的支管与立管，实际上给用户增加了一定数量的使用面积。

④ 能够方便地实现国家节能标准提出的"按户计量，分室调温"的要求。

低温地板辐射热水采暖由温控阀、分水器、集水器、除污器、保温层、铝箔层和盘管等组成。低温地板辐射热水采暖适用热媒温度 ≤ 65℃（最高水温 80℃）。供、回水温差 8 ~ 15℃。低温地板辐射热水采暖的管材一般选用塑料管，如交联聚乙烯（PEX）管（工作压力 ≤ 0.8MPa），铝塑复合管（工作压力 ≤ 2.5MPa），聚丁烯（PB）管，耐热聚乙烯（PE-RT）管，聚丙烯（PP-R）管等。

低温地板辐射热水采暖构造系统图，如图 5-12 所示。加热管的布置要保证地面温度均匀，一般将高温管段布置在外窗、外墙侧。加热管的敷设管道间距，一般在 100 ~ 300mm 之间。加热管应保持平直，防止管道扭曲，加热管一般无坡度敷设。埋设在填充层内的每个环路加热管不应有接头，其长度不大于 120m。

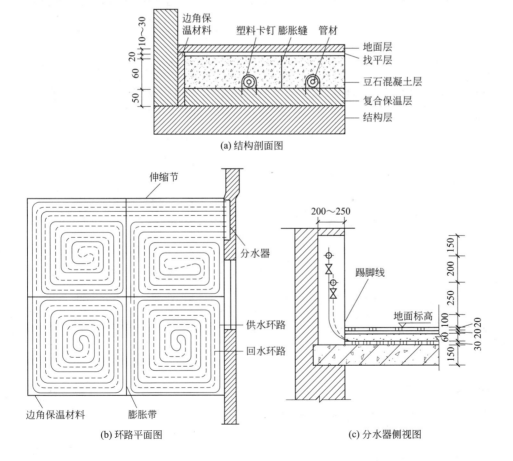

(a) 结构剖面图

(b) 环路平面图

(c) 分水器侧视图

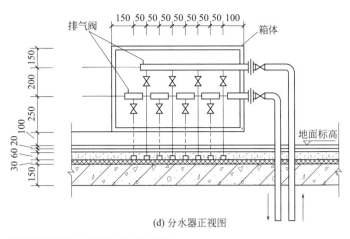

(d) 分水器正视图

图5-12　低温地板辐射热水采暖系统构造示意图

在户内需设置分水器和集水器。另外，当集中采暖热媒的温度超过低温地板辐射热水采暖的允许温度时，可设集中的换热站以保证温度在允许的范围内。

每套分、集水器宜接3～5个回路，最多不超过8个。宜布置在厨房、卫生间等地方，应留有一定的检修空间。

地暖回填采用陶粒。从地暖蓄热的角度看，陶粒要比豆石好，由于有的豆石边缘尖锐，回填时的机械运动会对管道造成一些无法观察到的硌伤，这样会大大影响管道的使用寿命。而陶粒边缘圆滑，不易对管道造成机械伤害。另外陶粒比豆石轻，可以减轻楼板的荷载。

5.2　采暖设备及附件

采暖系统中常用设备及附件有：散热器、膨胀水箱、排气装置、除污器、疏水器、伸缩器（补偿器）、热量表、散热器温控阀、平衡阀等。

5.2.1　散热器

5.2.1.1　散热器的种类

散热器是采暖系统的末端装置，装在房间内，作用是将热媒携带的热量传递给室内的空气，以补偿房间的热量损耗，从而维持房间所需的温度，达到供暖的目的。散热器必须具备一定的条件：

① 具有一定的机械强度和承压能力。

② 要有良好的传热和散热能力。

③ 外表光滑美观、体积小、耐腐蚀、使用寿命长。

散热器按材质不同，分为铸铁散热器、钢制散热器、铝质散热器等；按结构形式分为柱形、翼形、管形、板式、排管式等。

（1）铸铁散热器　铸铁散热器具有结构简单、防腐性能好、使用寿命长、热稳定性好等特点，适用于各种水质，广泛应用于热水采暖系统和低压蒸汽采暖系统中。

铸铁散热器有翼形、柱形等。

① 翼形散热器。翼形散热器有圆翼形、长翼形和多翼形等几种形式。翼形散热器适用于湿度较大的房间和面积大且少尘的车间，如图5-13所示。

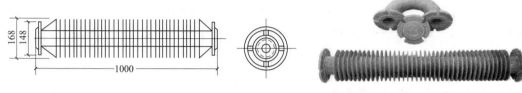

图5-13　圆翼形散热器

② 柱形散热器。柱形散热器有标准柱形（柱外径约27mm）、细柱形和柱翼形（又称辐射对流型）等几种形式，广泛用于住宅公共建筑中，如图5-14所示。

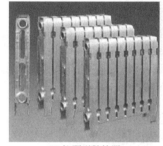

(a) 柱形散热器　　　　(b) 柱翼形散热器

图5-14　柱形散热器

（2）钢制散热器　钢制散热器金属耗量少，耐压强度高，可达到0.8～1.0MPa，外形美观，占地少，但容易被腐蚀，使用寿命短。钢制散热器有柱形、板形、闭式钢串片形和扁管形等几种类型。

① 钢制柱形散热器，结构型式和铸铁柱形相似，每片也有几个中空的立柱。钢制柱形散热器传热性能较好，承压能力较强，表面光滑，易清扫积灰。但它制造工艺复杂、造价较高、对水质要求高、易腐蚀，故使用年限短，如图5-15所示。

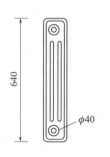

二维码14　散热器

图5-15　钢制柱形散热器

② 板形散热器：传热系数大、美观、质量轻、安装方便，但热媒流量小、热稳定性差、耐腐蚀性差、成本高，如图 5-16 所示。

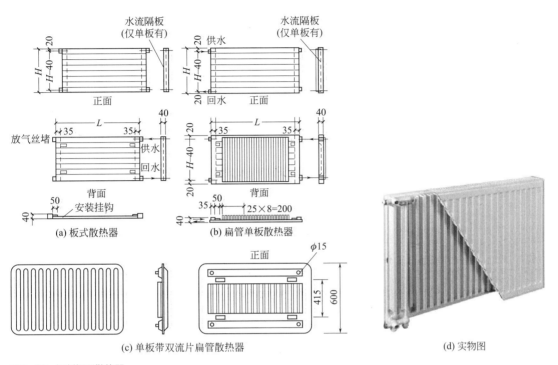

图5-16　钢制板形散热器

③ 闭式钢串片形散热器：质量轻、体积小、承压能力高，但造价高、水容量小、易积灰尘，适用于公共和民用建筑，如图 5-17 所示。

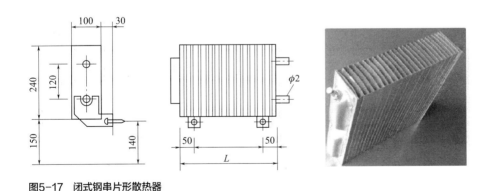

图5-17　闭式钢串片形散热器

（3）复合散热器

① 铝合金散热器。其造型美观大方，线条流畅，占地面积小，富有装饰性；质量约为铸铁散热器的十分之一，便于运输安装；金属热强度高，约为铸铁散热器的六倍；节省能源，采用内防腐处理技术。

② 复合材料型铝制散热器，如铜－铝复合、钢－铝复合、铝－塑复合等。

5.2.1.2 散热器的技术参数

散热器的技术参数见表5-1。

表5-1 铸铁散热器的结构尺寸及主要技术参数

序号	型号		单片主要尺寸/mm				重量 / (kg/片)	散热面积 / (m²/片)
			高度 H	宽度 B	长度 L	中心距 H_1		
1	TZY2-6-5（8）（柱翼700）	中片	700	100	60	600	6.7	0.412
		足片	780	100	60	600	7.2	0.412
2	TZY2-5-5（8）（柱翼600）	中片	600	100	60	500	5.5	0.377
		足片	680	100	60	500	6.0	0.377
3	TZY2-3-5（8）（柱翼400）	中片	400	90	60	300	3.6	0.180
		足片	480	90	60	300	4.2	0.180
4	四柱813型	中片	724	159	57	642	6.5	0.280
		足片	813	159	57	642	7.0	0.280
5	TZ4-6-5（8）（四柱760）	中片	682	143	60	600	5.8	0.235
		足片	760	143	60	600	6.2	0.235
6	TZ4-5-5（8）（四柱660）	中片	582	143	60	500	5.4	0.200
		足片	660	143	60	500	5.9	0.200
7	TZ4-3-5（8）（四柱460）	中片	382	143	60	300	5.0	0.130
		足片	460	143	60	300	5.5	0.130
8	TZ2-5-5（8）（M132型）	中片	582	132	80	500	6.5	0.240
		足片	660	132	80	500	7.0	0.240
9	TCO.28/5-4(6) 长翼型(大60型)		600	115	280	500	26	1.170
10	长翼型(大60型)		600	115	200	500	18	0.800

5.1.2.3 散热器的安装

散热器宜布置在外窗台下，便于及时加热冷空气。散热器不宜布置在无门斗或无前厅的大门处，以防冻裂管道。安装暖气罩时，应留有检修的活动门。

散热器安装包括组对、单组试压、安装、跑风阀安装、支管安装、刷漆。散热器组对材料有对丝、汽包垫、丝堵和补芯，见图5-18。

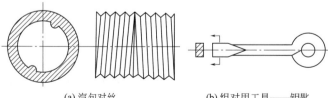

(a) 汽包对丝　　　　　(b) 组对用工具——钥匙

图5-18 对丝及钥匙

散热器由中片和足片组对，14片以下两端带足片；15～24片装三个足片，中间足片应置于散热器中间。

单组散热器组对完毕，应做水压试验，单组水压试验用工作压力的1.5倍试压，稳压2～3min，不渗不漏为合格，见图5-19。试压完毕，刷一道防锈漆、一道银粉。

散热器安装，在土建内墙抹灰及地面施工完成后进行。同一房间散热器高度应一致。

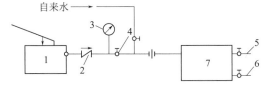

图5-19　散热器单组试压装置

1—手压泵；2—单向阀；3—压力表；4—截止阀；5—放气阀；6—放水管；7—散热器组

5.2.2　膨胀水箱

二维码15　膨胀水箱

5.2.2.1　膨胀水箱的作用及类型

（1）膨胀水箱的作用

① 用来容纳水受热膨胀而增加的体积。

② 在自然循环上供下回式热水供暖系统中，膨胀水箱连接在供水总立管的最高处，具有排除系统内空气的作用。

③ 在机械循环热水供暖系统中，膨胀水箱连接在回水干管循环水泵入口前，可以恒定循环水泵入口压力，保证供暖系统压力稳定。

（2）膨胀水箱的类型　膨胀水箱有圆形和矩形两种形式，一般是由薄钢板焊接而成。

5.2.2.2　膨胀水箱的配管

膨胀水箱的配管有进水管、出水管、溢流管、信号管（检查管）、排污管、循环管、膨胀管、放气管等，如图5-20所示。

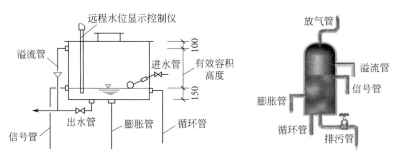

图5-20　膨胀水箱接管图

（1）膨胀管　自然循环系统膨胀管接在供水总立管的上部；机械循环系统膨胀管接在回水干管循环水泵入口前。膨胀管上不允许设置阀门，以免偶尔关闭使系统内压力增高，以致发生事故。

（2）循环管　机械循环系统循环管接至定压点前的水平回水干管上。连接点与定压点距离 1.5～3m，使热水能缓慢地在循环管、膨胀管和水箱之间流动。自然循环系统，循环管接到供水干管上，与膨胀管也应有一段距离，以维持水的缓慢流动。循环管上不允许设置阀门，以免水箱内的水冻结。

（3）溢流管　溢流管控制系统的最高水位。当水的膨胀体积超过溢流管口时，水溢出后就近排入排水设施中。溢流管上不允许设置阀门，以免偶尔关断，水从人孔处溢出。

（4）信号管（检查管）　信号管用来检查膨胀水箱水位，决定系统是否需要补水。信号管控制系统的最低水位，应接至锅炉房内或人们容易观察的地方，信号管末端应设置阀门。

（5）排污管　用于清洗、检修时放空水箱，可与溢流管一起就近接入排水设施中，其上应安装阀门。

5.2.3　排气装置

系统的水被加热时，会分离出空气；在系统停止运行时，通过不严密处也会渗入空气，充水后，也会有些空气残留在系统内。系统中如果积存空气，就会形成气塞，影响水的正常循环。排气装置主要有集气罐、自动排气阀和手动跑风门。

5.2.3.1　集气罐

集气罐一般是用直径 100～200m 的钢管焊制而成，长度为 300～430mm，分为立式和卧式两种。集气罐顶部连接直径 DN15mm 的排气管，排气管应引至附近的排水设施处，排气管另一端装有阀门，排气阀应设在便于操作的地方，如图 5-21 所示。

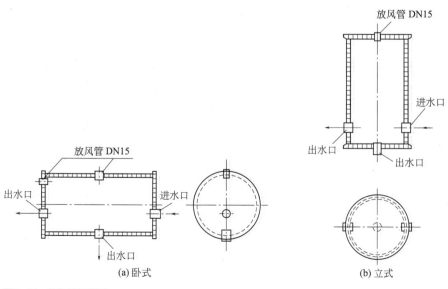

图5-21　集气罐示意图

集气罐一般设于系统供水干管末端的最高点处，供水干管应向集气罐方向设上升坡度以使管中水流方向与空气气泡的浮升方向一致，有利于空气汇集到集气罐的上部，定期排除。当系统充水时，应打开集气罐上的排气阀，直至有水从管中流出，方可关闭排气阀。系统运行期间，应定期打开排气阀排除空气。

5.2.3.2　自动排气阀

自动排气阀靠阀体内的启闭机构自动排除空气的装置，如图5-22所示。它安装方便，体积小巧，且避免了人工操作管理的麻烦，在热水供暖系统中被广泛采用。目前大多采用浮球启闭机构，当阀内充满水时，浮球升起，排气口自动关闭；阀内空气量增加时，水位降低，浮球依靠自重下垂，排气口打开排气。自动排气阀常会因水中污物堵塞而失灵，需要拆下清洗或更换，因此，排气阀前装一个截止阀。

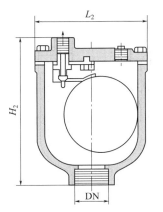  

图5-22　自动排气阀

5.2.3.3　手动跑风门

手动跑风门用于散热器或分集水器排除积存空气，适用于工作压力不大于0.6MPa，温度不超过130℃的热水及蒸汽采暖散热器或管道上。用于热水采暖系统时，应装在散热器上部丝堵上；用于低压蒸汽系统时，则应装在散热器下部1/3的位置上。

5.2.4　除污器

除污器，用来截流、过滤管路中的杂质和污物，保证系统内水质洁净，减少阻力，防止堵塞调压板及管路。

除污器的构造如图5-23所示。除污器有卧式（角通式）和立式（直通式）两种，其工作原理是：水由进水管进入除污器内，水流速度突然减小，使水中污物沉降到筒底，较清洁的水由带有大量小孔的出水管流出。除污器的安装方法如图5-24所示。

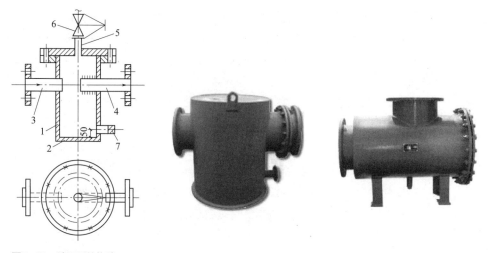

图5-23 除污器的构造

1—筒体；2—底板；3—进水管；4—出水管；5—排气管；6—阀门；7—排污丝堵

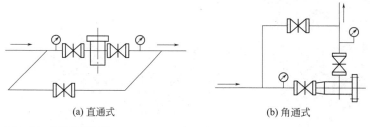

(a) 直通式　　　　　　　(b) 角通式

图5-24 除污器的安装

5.2.5 疏水器

　　蒸汽采暖系统中，散热设备及管网中的凝结水和空气通过疏水器自动而迅速地排除，同时阻止蒸汽的泄漏。疏水器种类很多，按其工作原理分为机械型、热力型和恒温型三种。图5-25为倒吊桶式机械型疏水器工作原理。

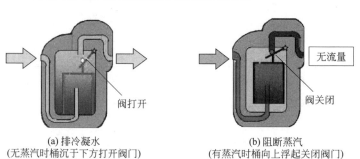

阀打开　　　　　　　　无流量
　　　　　　　　　　　　阀关闭

(a) 排冷凝水　　　　　　　　(b) 阻断蒸汽
(无蒸汽时桶沉于下方打开阀门)　　(有蒸汽时桶向上浮起关闭阀门)

图5-25 倒吊桶式机械型疏水器工作原理

5.2.6　伸缩器（补偿器）

伸缩器又称补偿器，在采暖系统中，伸缩器可以补偿管道的热伸长，同时还可以补偿因冷缩而缩短的长度，使管道不致因热胀冷缩而遭到破坏。补偿方式有自然补偿和补偿器补偿。

自然补偿是通过管道绕过建筑物墙、梁、柱等自然形成的 L 弯、Z 弯来达到补偿的目的，如图 5-26 所示，（a）为 L 形补偿器，（b）为 Z 形补偿器。

补偿器补偿是利用特殊的部件来达到补偿的目的，常用的有方形补偿器、套筒补偿器、波纹管补偿器。

(a) L形补偿器　　　(b) Z形补偿器　　　(c) 方形补偿器

图5-26　补偿器

① 方形补偿器，现场煨制、安装方便、补偿力大，如图 5-26（c）所示。
② 套筒补偿器，补偿力大、占地面积小、安装方便、水流阻力小，如图 5-27 所示。
③ 波纹管补偿器，体积小、结构紧凑、补偿量大、安装方便，如图 5-28 所示。

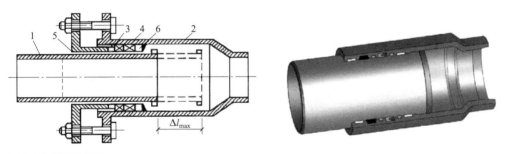

图5-27　套筒补偿器

1—内套筒；2—外壳；3—压紧环；4—密封填料；5—填料压盖；6—填料支撑环

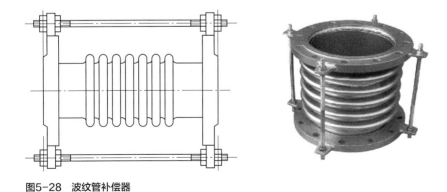

图5-28　波纹管补偿器

5.2.7　热量表

　　热量表，是计算热量的仪表，由流量计、温度传感器和积分仪组成。热量表的工作原理是将一对温度传感器分别安装在供水管和回水管上，流量计安装在供水管或回流管上（流量计安装的位置不同，最终的测量结果也不同），流量计发出与流量成正比的脉冲信号，一对温度传感器给出表示温度高低的模拟信号，而积分仪采集来自流量和温度传感器的信号，利用计算公式算出热交换系统获得的热量，如图 5-29 所示。

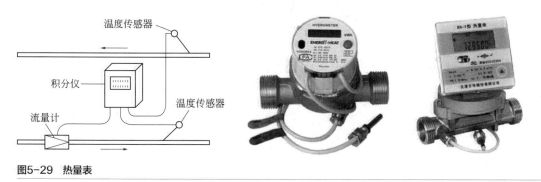

图5-29　热量表

5.2.8　散热器温控阀

　　散热器温控阀是安装在散热器上的自动控制阀门。散热器温控阀是无需外加能量即可工作的比例式调节控制阀，它通过改变采暖热水流量来调节、控制室内温度，是一种经济节能产品。其控制元件是一个温包，内充感温物质，当室温升高时，温包膨胀使阀门关小，减少散热器热水供应，当室温下降时过程相反，这样就能达到控制温度的目的。散热器温控阀还可以调节设定温度，并可按设定要求自动控制和调节散热器的热水供应量，如图 5-30 所示。

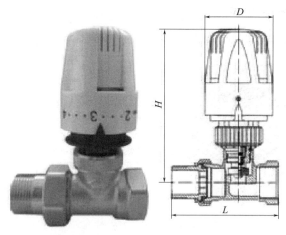

图5-30　散热器温控阀

5.2.9　平衡阀

平衡阀是在水力工况下，起到动态、静态平衡调节的阀门。平衡阀可分为三种类型：静态平衡阀、动态平衡阀及压差无关型平衡阀。

静态平衡阀亦称平衡阀、手动平衡阀、数字锁定平衡阀、双位调节阀等，它是通过改变阀芯与阀座的间隙（开度），来改变流经阀门的流动阻力，以达到调节流量的目的，其作用对象是系统的阻力。静态平衡阀能够将新的水量按照设计计算的比例平衡分配，各支路同时按比例增减，仍然满足当前气候需要下的部分负荷的流量需求，起到热平衡的作用，如图5-31所示。

动态平衡阀分为动态流量平衡阀、动态压差平衡阀等。动态流量平衡阀亦称自力式流量控制阀、自力式平衡阀、定流量阀、自动平衡阀等，它是根据系统工况（压差）变动而自动变化阻力系数，在一定的压差范围内，可以有效地控制通过的流量使之保持一个常值。动态压差平衡阀，亦称自力式压差控制阀、差压控制器、稳压变量同步器、压差平衡阀等，它是用压差作用来调节阀门的开度，利用阀芯的压降变化来弥补管路阻力的变化，从而使被控系统在工况变化时能保持压差基本不变，它的原理是在一定的流量范围内，可以有效地控制被控系统的压差恒定，如图5-32所示。

图5-31　静态平衡阀

图5-32　动态平衡阀

5.3　采暖管道的布置敷设与安装

5.3.1　室外采暖管道的布置与敷设

小区采暖管道应尽量经过热负荷集中的地方，且以线路短、便于施工为宜。管线尽量敷设在地势较平坦、土质良好、地下水位低的地方，同时还要考虑和其他地上管线的相互关系。

室外采暖管道敷设方式有：直埋敷设、管沟敷设和架空敷设三种。

二维码16　室外采暖管道的布置与敷设

5.3.1.1 直埋敷设

其是将管道直接埋于地下，比较经济，适用于地下水位较低，土质不下沉，土壤不带腐蚀性且不是很潮湿的地区。对于直埋管道，在车行道下为 0.8～1.2m，在非车行道下为 0.6m 左右；管沟顶上的覆土深度一般不小于 0.3m，以避免直接承受地面的作用力。管道直埋敷设如图 5-33 所示。

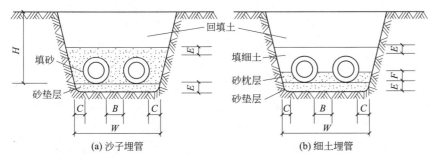

图5-33 管道的直埋敷设

（$B≥200mm$ $C≥150mm$ $E≥100mm$ $F≥75mm$）

5.3.1.2 管沟敷设

管沟敷设，根据管沟内人行通道的设置情况，分为通行管沟敷设、半通行管沟敷设和不通行管沟敷设。

（1）通行管沟敷设 通行管沟为工作人员可以在管沟内直立通行的管沟，可以采用单侧或双侧布管方式。管沟高度 1.8～2.0m，宽度 0.7m。管沟内应有检修孔、照明、排水和通风设施。通行管沟的优点是工作人员可在管沟内进行管道的日常维修以及更换管道，但土方量较大，造价高，如图 5-34 所示。

（2）半通行管沟敷设 管沟高度 1.2～1.4m，宽度 0.5～0.6m，适用于管道需要管沟敷设，又不能掘开路面进行检修、管道较少的场所，如图 5-35 所示。

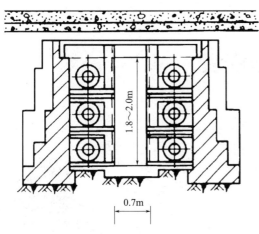

图5-34 通行管沟敷设

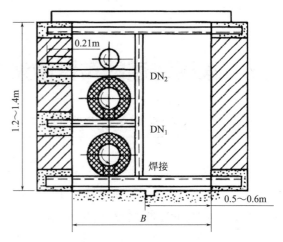

图5-35 半通行管沟敷设

（3）不通行管沟敷设　不通行管沟的横截面较小，管沟高度小于 1.0m，适用于维护工作量不大的焊接的蒸汽或热水管道，如图 5-36 所示。

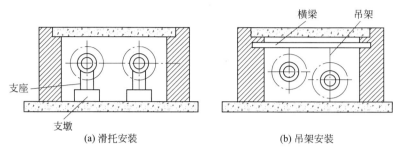

图5-36　不通行管沟敷设

5.3.1.3　架空敷设

架空敷设一般用于工厂区或城市郊区，是将供热管道敷设在地面上的独立支架或带纵梁的管架以及建筑物的墙体上。架空敷设管道不受地下水的侵蚀，因而管道寿命长；土方量小，造价低；构造简单，维修方便。架空敷设缺点是占地面积较多，管道热损失大，不够美观。

架空敷设按照支架高度不同分为：低支架敷设、中支架敷设和高支架敷设三种。

（1）低支架敷设　在不妨碍交通以及不妨碍厂区、街区扩建的地段，供热管道可采用低支架敷设。可沿工厂围墙或平行于公路、铁路布线。低支架上管道保温层的底部与地面间的净距离通常为 0.5～1.0m，如图 5-37 所示。

（2）中支架敷设　在行人频繁处，可采用中支架敷设，中支架的净空高度为 2.5～4.0m，如图 5-38 所示。

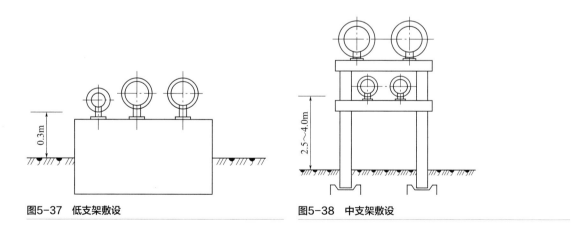

图5-37　低支架敷设　　　图5-38　中支架敷设

（3）高支架敷设　在跨越公路或铁路时，可采用高支架敷设，高支架净空高度为 4.5～6.0m，如图 5-39 所示。

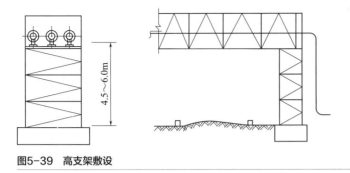

图5-39　高支架敷设

5.3.2　热力入口的布置与敷设

热力入口是控制、调节、调整进入室内介质压力及流量的装置。热力入口设置在进入每栋建筑物之前的地沟内，并设置热力入口井，以便于人员操作和检修。

热力入口主要由阀门、调压孔板（或调压阀）、压力表、温度计、过滤器、循环管、泄水阀等组成，蒸汽采暖热力入口还设置有疏水器组。

热水采暖系统热力入口如图5-40所示，循环管的作用是当室外采暖系统安装完毕，进行冲洗、试压和试运转时，为了避免泥沙污物进入室内采暖系统，应关闭进入室内系统的供回水阀门。然后再打开循环管上的阀门进行室外系统循环，检测外网运行是否正常。

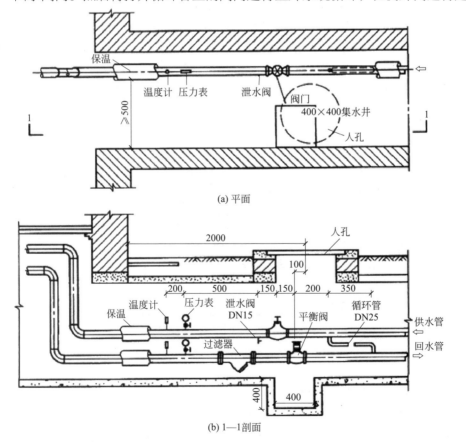

(a) 平面

(b) 1—1剖面

图5-40　热水采暖系统的热力入口

5.3.3　室内采暖管道的布置敷设与安装

5.3.3.1　室内采暖管道的布置敷设

　　室内采暖管道的布置情况直接影响系统造价和使用效果，因此采暖管道的布置应合理，以节约管材、便于调节和排除空气、各环路阻力以达到平衡为宜。采暖系统入口一般设置在建筑物中部，这样便于调节各环路阻力。

　　采暖管道敷设方式有明装和暗装两种。一般民用建筑、公共建筑以及工业厂房宜采用明装；对于装饰要求较高的建筑物，可采用暗装。

　　（1）干管的布置　在上供下回式系统中，供水干管可布置在设备层、顶层天花板下或吊顶内。回水干管可布置在地下室顶板下或地沟内。

　　水平干管要有一定的坡度、坡向，管道最高点设置排气装置，最低点设置泄水装置。

　　回水干管或凝结水管道过门时，应设置过门地沟或门上绕行，为便于排气和泄水，需设置放气阀和泄水阀。

　　（2）立管的布置　明装立管可布置在房间窗间墙或墙角处，楼梯间立管应单独设置，以防冻结后影响其他立管的正常供暖。立管暗装时可布置在管道井、沟槽内。管道井应用隔板隔断。

　　（3）支管的布置　支管布置与散热器的位置及进出水口的位置有关，支管与散热器的连接方式有三种：上进下出式、下进上出式和下进下出式。散热器支管进水、出水口可同侧布置，也可异侧布置。设计时应尽量选择上进下出式、同侧连接的方式，这种连接方式具有传热系数大、管路短、外形美观等特点。

　　连接散热器的支管应有坡度以利排气，当支管全长小于500mm时，坡度值为5mm；大于500mm时，坡度值为10mm，进水、回水支管均沿流向顺坡，如图5-41所示。

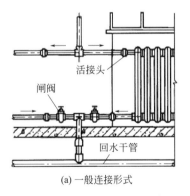
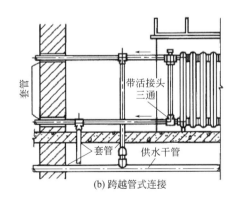

图5-41　支管与散热器的连接形式

5.3.3.2　采暖管道的安装

　　（1）采暖系统常用管材　采暖系统常用管材有焊接钢管、无缝钢管和其他管材。

① 焊接钢管。焊接钢管及镀锌钢管常用于输送低压流体，是采暖工程中最常用的管材。使用时压力 ≤ 1.0MPa，输送介质的温度 ≤ 130℃。焊接钢管的 DN ≤ 32mm 时丝接；DN ≥ 40mm 时焊接。

② 无缝钢管，用于系统需承受较高压力的室内供暖系统。

③ 其他管材有交联铝塑复合管（XPAP）、聚丁烯管（PB）、交联聚乙烯管（PE-X）、无规共聚聚丙烯管（PP-R），常用于低温地板辐射热水采暖系统。

（2）采暖管道的安装　室内采暖管道安装顺序：热力入口→干管→立管→支管。

管道安装遵循的工艺流程是：安装准备→管道预制加工→支架安装→干管安装→立管安装→散热器就位→支管安装→试压→冲洗→防腐保温→调试。

室内采暖管道安装的基本要求：

① 管径 DN ≤ 32mm 焊管，采用丝扣连接；DN>32mm 焊管，采用焊接。

② 管道应设补偿器，如波纹管补偿器、套筒补偿器、方型补偿器等。

③ 管道穿越基础、楼板和墙壁应预留孔洞，安装时加钢套管，穿越楼板时套管高出地面 20mm，穿墙时套管两端与饰面相平。

④ 水平管道坡度。热水采暖及汽水同向的蒸汽和凝结水管，坡度一般为 0.3%。

干管安装顺序：管子调直→刷防锈漆→管子定位放线→安装支架→管子地面组装→调整→上架安装。

总立管顶部若分为两个水平支管时，应采用羊角弯连接，如图 5-42 所示。敷设在非采暖房间的干管应保温。干管变径时，采用偏心变径管，不同热媒变径方式不同，蒸汽管采用管底平，热水管采用管顶平的方式，以便于排除凝结水或空气。立支管的位置距变径处 200 ～ 300mm，如图 5-43 所示。

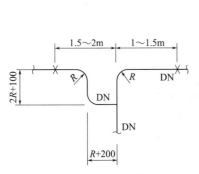

图5-42　总立管与分支干管的连接

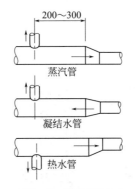

图5-43　管道变径方式

立管穿楼板预留孔洞，安装时加钢套管，套管与管道之间用石棉绳或油麻填塞，并封堵好洞口。立管管卡距地面 1.5 ～ 1.8m。立管与干管之间的连接，应采用 2 个或 3 个弯头连接，如图 5-44 所示。

支管安装要在散热器安装完毕后进行。安装形式有同侧连接、异侧连接。支管安装必须有良好的坡度，如图 5-45 所示。

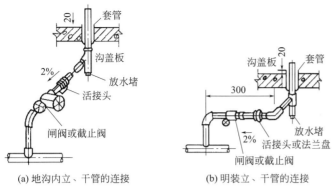

(a) 地沟内立、干管的连接　　　(b) 明装立、干管的连接

图5-44　立管下端与干管的连接

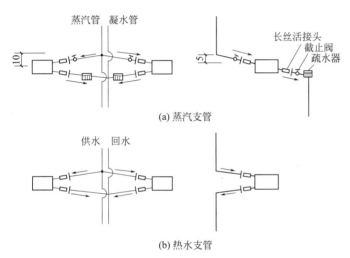

(a) 蒸汽支管

(b) 热水支管

图5-45　散热器支管的安装坡度

5.3.3.3　采暖系统的试压与冲洗

（1）试验压力

① 蒸汽、热水采暖系统，应以顶点工作压力加 0.1MPa 做水压试验，同时在系统顶点的试验压力不小于 0.3MPa。

② 高温热水采暖，试验压力为系统顶点工作压力加 0.4MPa。

③ 使用塑料管及复合管的热水采暖系统，应以系统顶点工作压力加 0.2MPa 作水压试验，同时系统顶点的试验压力不小于 0.4MPa。

（2）试压方法

① 试压准备：打开系统最高点的排气阀、阀门；打开系统所有的阀门；采取临时措施隔断膨胀水箱和热源；在系统下部安装手摇泵或电动泵，接通自来水管道。

② 系统充水：依靠自来水的压力向管道内充水，系统充满水后不要进行加压，应反复地进行充水、排气，直到将系统中的空气排除干净，关闭排气阀。

③ 系统加压：确定试验压力，用试压泵加压。一般应分 2～3 次升至试验压力。在试

压过程中，每升高一次压力，都应停下来对管道进行检查，无问题再继续升压，直至升到试验压力。

④ 系统检验：金属及金属复合管的采暖系统，在试验压力下观测 10min，压力降不应大于 0.02MPa，然后降到工作压力进行检查，不渗不漏为合格。采用塑料管的采暖系统，在试验压力下稳压 1h，压力降不得超过 0.05MPa，然后在工作压力的 1.15 倍状态下稳压 2h，压力降不大于 0.03MPa，检查各连接处，不渗漏。

（3）试压注意事项

① 气温低于 4℃时，试压结束后及时将系统内的水放空，并关闭泄水阀。

② 系统试压时，应拆除系统的压力表，打开疏水器旁通阀，避免压力表、疏水器被污物堵塞。

③ 试压泵上的压力表应为合格的压力表。

（4）室内采暖系统的冲洗　系统试压合格，应对系统进行冲洗。热水采暖系统可用水冲洗，冲洗的方法是：将系统内充满水，打开系统最低处的泄水阀，让系统中的水连同杂物由此排出，反复多次，直到排出的水清澈透明为止。

蒸汽采暖系统可采用蒸汽冲洗，冲洗的方法是：打开疏水装置的旁通阀，送气时，送气阀门慢慢开启，蒸汽由排气口排出，直到排出干净的蒸汽为止。

采暖系统试压、冲洗结束后，方可进行防腐和保温。

5.3.4　管道、设备的防腐与保温

二维码17　管道及
设备的防腐与保温

为了防止管道产生锈蚀而遭到破坏，采暖系统管道安装完毕试压合格后，要对管道进行防腐刷油和保温。

5.3.4.1　管道的防腐

管道防腐的程序为：除锈、刷防锈漆、刷面漆。

（1）除锈　除锈是在刷防锈漆前，将金属管道表面的灰尘、污垢及锈蚀物等杂质清理干净，除锈方法有人工除锈、机械除锈和化学除锈。

（2）刷防锈漆及面漆　常用油漆种类有：红丹防锈漆、防锈漆、银粉漆、冷底子油、沥青漆、调和漆等。

红丹防锈漆多用于地沟内保温管道的采暖及热水供应管道和设备；防锈漆多用于地沟内不保温的管道；银粉漆多用于室内采暖管道、给排水管道及室内明装设备的面漆；冷底子油一般用于埋地管道第一遍漆；沥青漆用于埋地管道的防水；调和漆可用于有装饰要求的管道和设备的面漆。

5.3.4.2　管道的保温绝热

绝热是保温和保冷的总称，为了减少在输送过程的冷热损失，节约燃料，必须对管道和设备进行绝热。绝热应在防腐和水压试验合格后进行。

绝热材料，应具有重量轻、热导率小、隔热性能好、阻燃性能好、耐腐蚀性好、吸湿率

低、施工简单、价格低廉等特点。

保温材料种类繁多，多用无机材料，常用的有水泥珍珠岩、泡沫混凝土、玻璃纤维、矿渣棉、岩棉、聚氨酯等。

保冷多用有机材料，如软木、聚苯乙烯泡沫塑料、聚氨酯泡沫塑料等。绝热保温材料按形状分为松散状、纤维状、粒状、瓦状等几种，按施工方法可分为涂抹式绝热材料、填充式绝热材料、绑扎式材料、包裹式材料和浇灌式绝热材料。

（1）常用保温绝热材料

① 岩棉类。岩棉有岩棉板、岩棉管壳和岩棉毡，如图 5-46 所示。岩棉的优点是价格便宜，热导率小，防火性能好，适用温度范围大。缺点是吸水率高，保温不严密，或由于施工过程中的机械损伤，将会使其大量吸水而使保温性能下降。岩棉对于冷管道是不太适宜的。

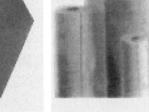

(a) 岩棉板　　　　(b) 岩棉管壳　　　　(c) 岩棉毡

图5-46　岩棉制品

② 玻璃棉。玻璃棉是用离心法技术，将熔融玻璃纤维化并加以热固性树脂为主的环保型配方黏结剂加工而成的制品，是一种无机质纤维，具有成型好、体积密度小、热导率低、保温绝热、吸音性能好、耐腐蚀、化学性能稳定等特点。玻璃棉纤维对人体有一定危害，施工时应注意防护。玻璃棉制品多用于空调系统风管中，如图 5-47 所示。

图5-47　玻璃棉制品

③ 聚氨酯。聚氨酯材料有硬质和软质两种。对于异形构件，可以通过现场发泡浇注成形，使质量得到保证。其热导率小，性能好。软质多为闭孔式结构，吸水率较低，如图 5-48 所示。

(a) 聚氨酯保温管材

(b) 聚氨酯保温瓦

(c) 聚苯乙烯泡沫塑料

图5-48 聚氨酯泡沫制品

（2）绝热层的施工方法　绝热层由防腐层、绝热层、防潮层（保冷结构）、保护层及识别标志等组成。绝热工程施工方法有涂抹法、绑扎法、粘贴法、钉贴法等。

① 涂抹法，适用于石棉粉、硅藻土等不定型材的散装材料，多用于热力管道和热力设备。

② 绑扎法，适用于预制保温瓦或板块料，如玻璃棉、岩棉等，是热力管道常用的一种方法。

③ 粘贴法，适用于预制成型的预制品，多用于空调制冷系统。

④ 钉贴法，是矩形风管采用较多的一种绝热方法，用保温钉代替黏结剂。

⑤ 喷涂法或灌注法，用于以聚氨酯硬质泡沫塑料为绝热材料的绝热工程。

⑥ 缠包法，适用于卷状的绝热材料，如棉毡。

⑦ 套筒法，将纤维状材料加工成型的绝热套筒直接套在管道上。

5.4 室内采暖工程施工图识读

5.4.1 采暖工程施工图的组成

二维码18 室内采暖施工图识读

室内采暖工程施工图由文字部分和图示部分组成。文字部分包括设计施工说明、图纸目录、图例及主要设备材料表等；图示部分包括平面图、系统图和详图等。

5.4.2 采暖工程施工图图例

采暖工程施工图图例详见表5-2。

表5-2 采暖工程施工图常用图例

符号	名称	说明	符号	名称	说明
——————	供水（汽）管		⊘	疏水器	也可用
– – – –	回（凝结）水管		⊻	自动排气阀	

续表

符号	名称	说明	符号	名称	说明
 〜〜〜	绝热管		⌐	集气罐、排气装置	
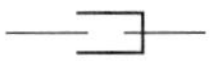 ―□―	套管补偿器		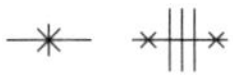 ✳ ✳‖‖✳	固定支架	右为多管
 ⌐⌐	矩形补偿器		 ―◁	丝堵	也可表示为  ―‖
 ―◇◇―	波纹管补偿器		$i = 0.003$ 或 → $i = 0.003$	坡度及坡向	
 ―⌒―	弧形补偿器		 ⊓	温度计	
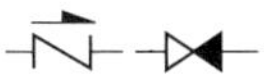 ⊢▷ ―▷‖◁	止回阀	左图为通用，右图为升降式止回阀	 ⊘	压力表	
 ―◁▷―	截止阀		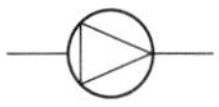 ◁▷	水泵	流向：自三角形底边至顶点
 ―▷◁―	闸阀		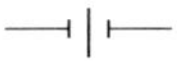 ―‖	活接头	
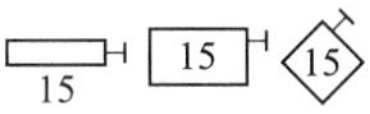 [15] ―[15] ◇15	散热器及手动放气阀		 ―○―	可屈挠橡胶接头	
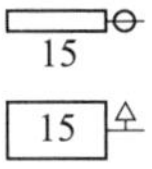 [15] ―[15] △15	散热器及温控器		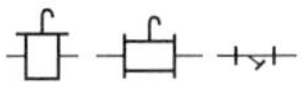 ⊔ ⊔ →→‖	除污器	左为直通型除污器，中为卧式除污器，右为Y形过滤器

5.4.3 采暖工程施工图识读

采暖工程施工图识读，一般先阅读文字部分，再看图示部分，平面图与系统图互相联系和对照，按照热媒流动方向阅读，即热力入口→供水总立管→供水干管→立管→支管→散热器→回水干管→回水立管。

5.4.3.1 阅读文字部分

① 看设计施工说明，了解以下几方面的内容：散热器的型号，管道材质及管道的连接方式，管道、支架、设备的刷漆和保温做法，施工图中使用的标准图和通用图。

② 看图例，了解各符号代表的含义。

③ 看主要设备材料表，熟悉系统所用的主要设备情况。

5.4.3.2 识读采暖施工平面图

采暖施工平面图是施工图的主要部分，表明了采暖管道和散热器等的平面布置情况，主要包括以下几点内容：

① 热力入口的位置及设置情况。

② 散热器的类型、位置和数量，各类散热器规格和数量标注方法，如柱形、长翼形散热器只标注数量；圆翼形散热器应标注根数、排数，如 3×2（每排根数 × 排数）。

③ 供、回水干管及立管的布置情况和平面位置。

④ 阀门、固定支架、伸缩器、膨胀水箱、集气罐等设施的平面位置。

5.4.3.3　平面图与系统图结合

采暖系统图主要表示采暖系统所有供回水（蒸汽、凝结水）干管、立管、支管以及设备和附件的空间关系。识读采暖系统图时，包括以下几点内容。

① 弄清楚管道的空间走向和空间位置，管道直径及管道变径点的位置。

② 管道上阀门的位置及规格。

③ 散热器与管道的连接方式。

5.4.3.4　看施工详图及大样图

在平面图和系统图不能表达清楚又无法用文字说明的地方，可用详图表示，采暖系统施工图的详图有以下几项：

① 地沟入口，即热力入口详图。

② 地沟内支架的安装详图。

③ 膨胀水箱安装详图等。

5.5　采暖工程计量与计价

5.5.1　采暖工程定额内容及使用注意事项

5.5.1.1　执行定额

采暖工程使用《全国统一安装工程预算定额河北省消耗量定额》（2012）第八册《给排水、采暖、燃气工程》以及第十一册《刷油、防腐、绝热工程》。

5.5.1.2　采暖工程界限划分

① 室内外以入口阀门或建筑物外墙皮 1.5m 为界。

② 与工业管道界线以锅炉房或泵站外墙皮 1.5m 为界。

③ 工厂车间内采暖管道以采暖系统与工业管道碰头点为界。

④ 设在高层建筑内的加压泵间管道，以泵间外墙皮为界。

⑤ 室外管道与市政管道界限以与市政管道碰头点为界。

⑥ 锅炉房、加压泵间管道执行第六册《工业管道工程》定额。

5.5.1.3　关于各项费用的规定

关于脚手架搭拆费、操作高度增加费、超高费等费用的计算，与给排水工程计算方法相同，本章不再赘述。

采暖工程计取采暖工程系统调整费，以定额中实体消耗项目的人工费、机械费之和为基础计算。计算公式如下：

采暖系统调整费 =（人工费 + 机械费）× 13.05%，其中人工费 =（人工费 + 机械费）× 6.53%。

5.5.2　采暖工程工程量计算规则

5.5.2.1　管道安装

采暖工程室内外管道安装、阀门同第四章给排水工程相同，本节不再赘述。散热器支管长度的计算，如图 5-49 所示。计算公式如下：

立管双侧连接散热器时支管长度 = [散热器中心距离 −
（单片散热器厚度 × 片数）/2] × 根数

立管单侧连接散热器时支管长度 = [立管至散热器中心距离 −
（单片散热器厚度 × 片数）/2] × 根数

二维码19　采暖工程
量计算规则

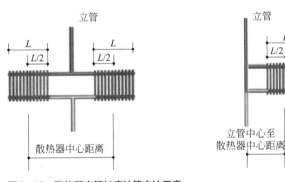

图5-49　散热器支管长度计算方法示意

5.5.2.2　供暖器具安装

（1）柱形铸铁散热器组成安装　按设计图示数量以"10 片"为计量单位计算。

散热器的技术参数详见表 5-1，套用定额时应注意以下几点事项：

① 柱形铸铁散热器组成安装项目是按地面安装考虑的，如为挂装，人工乘以系数 1.1，材料、机械不变。

② 散热器安装中快速接头安装的人工及材料已计入管道安装中，但其本身的价值应按设计数量另行计算。不带阀门的散热器安装时，每组增加两个活接头的材料费。

（2）光排管散热器制作安装　按设计要求，以"10m"为计量单位计算。

光排管散热器制作、安装项目，计量内容系指光排管长度，联管作为材料已列入相应项目内，不应重复计算。

（3）钢制闭式散热器安装　按设计图示数量，以"片"为计量单位计算。

（4）钢制板式、壁式、柱式散热器安装　按设计图示数量，以"组"为计量单位计算。

（5）暖风机安装　按设计图示数量以"台"为计量单位计算。

（6）低温地板辐射采暖系统　管道安装按设计图示中心长度，以延长米计算，以"10m"为计量单位；分（集）水器安装分环路不同列项，以"台"计算；保温隔热层铺设、铝箔纸、铁丝网铺设按设计图示尺寸以"10m²"为单位计算。

低温地板辐射采暖系统中，管道敷设项目包括了配合地面浇注用工，不包括与分（集）水器连接的阀门。低温地板辐射采暖系统中的过滤器安装套用阀门安装相应子目。

5.5.2.3　阀门、法兰、补偿器等安装

① 阀门、法兰安装　同给排水工程量计算方法相同，不再赘述。

② 补偿器安装　各种补偿器制作安装，均按设计图示数量以"个"为计量单位计算。方形伸缩器的主材费，按臂长的两倍合并在管道长度内计算。

③ 排气装置安装　集气罐、自动排气阀、手动放风阀安装按不同规格，以"个"为计量单位计算，已包括支架制作安装的，不得另行计算。

5.5.2.4　除锈、刷油、绝热工程

（1）除锈、刷油工程　设备筒体、管道表面积计算公式：

$$S=\pi DL$$

式中　L——管道长度，m；

　　　D——管道内径或外径，m。

（2）绝热工程量　设备筒体或管道绝热、防潮和保护层计算公式：

$$V=\pi(D+1.033\delta)\times1.033\delta\times L$$

$$S=\pi(D+2.1\delta+0.0082)L$$

式中　　　D——直径；

1.033，2.1——调整系数；

　　　　　δ——绝热层厚度；

　　　　　L——设备筒体或管道长；

0.0082——捆扎线直径或钢带厚。

5.5.3　采暖工程案例

5.5.3.1　工程概况

某办公楼采暖工程为砖混结构，共两层，层高3.6m，管材采用镀锌钢管，螺纹连接。

散热器采用四柱 760 铸铁散热器，阀门选用闸阀。室内管道刷银粉两遍，散热器和支架除锈后均刷防锈漆一遍、银粉两遍。地沟内管道 50mm 厚岩棉管壳保温，外缠玻璃丝布，玻璃丝布外刷沥青漆两道。管道穿外墙加刚性防水套管，穿楼板和内墙采用一般钢套管，如图 5-50～图 5-52 所示。

管道施工要求：采暖工程的供水干管、立管中心距墙 150mm，回水干管、立管地沟内居中敷设，距墙 300mm，立支管通过乙字弯后距墙 50mm。建筑物内外墙均按 240mm 计算。管道支架重量约为 50kg。

试计算该采暖工程的直接工程费。

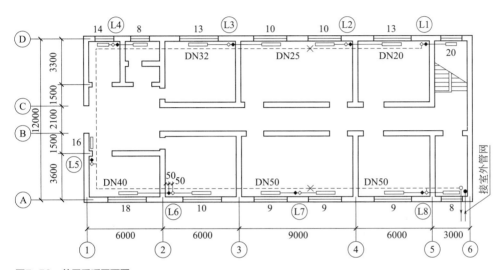

图5-50　首层采暖平面图

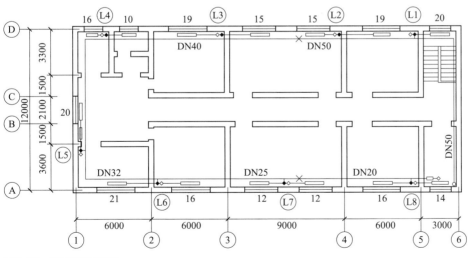

图5-51　二层采暖平面图

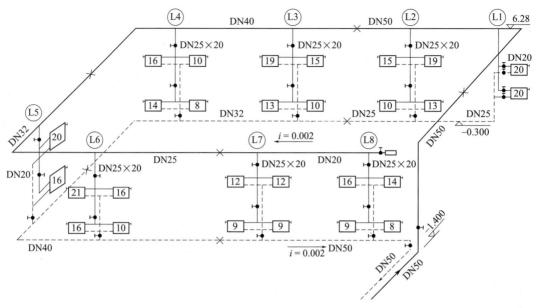

图5-52 采暖系统图

5.5.3.2 工程量计算

工程量计算过程，详见表5-3。

表5-3 采暖工程量计算书

序号	项目名称	单位	数量	计算过程
1	镀锌钢管DN50	m	64.43	回水干管：1.5（外墙皮1.5m）+0.24（墙厚）+0.3（回水干管距墙300mm）+（3.0-0.12-0.3+6.0+9.0+6.0-0.12-0.05-0.05）（②～⑥轴之间距离）=25.4 供水干管：1.5（外墙皮1.5m）+0.24（墙厚）+0.15（立管距墙距离）+(1.4+6.28)（总立管）+（12.0-0.24-0.15×2）（Ⓐ～Ⓓ轴距离）+（3.0+6.0+9.0）（③～⑥轴之间）=39.03
2	镀锌钢管DN40	m	39.18	回水干管：（6.0-0.3+0.1）（①～②轴之间）+（12.0-0.24-0.3×2）（Ⓐ～Ⓓ轴之间）+（3.0-0.24-0.3-0.1）（①轴至立管4之间）=19.32 供水干管：（6.0+6.0-0.24-0.05-0.15）（①～③轴之间）+（3.3+1.5+2.1+1.5-0.15+0.05）（Ⓓ轴至立管5之间）=19.86
3	镀锌钢管DN32	m	18.06	回水干管：（3.0+6.0）（立管3至立管4）=9.0 供水干管：（3.6+6.0-0.24-0.15-0.05-0.15+0.05）（立管5至立管6）=9.06
4	镀锌钢管DN25	m	50.43	回水干管：9.0（立管2至立管3） 供水干管：（6.0+4.5-0.24-0.1）（立管6至立管7）=10.16 立管：（6.28-0.718+0.1）+（3.6+0.118+0.3+0.25）×6=31.27
5	镀锌钢管DN20	m	155.78	回水干管：6.0（立管1至立管2） 供水干管：（4.5+6.0+3.0）（立管7至集气罐）=13.5 立管：（6.28-0.718+0.1）+（3.6+0.118+0.3+0.25）×2=14.20 水平支管： 立管1支管：（1.5-0.06×10+0.12+0.05）×2+（1.5-0.06×10+0.12+0.05+0.05）×2=4.38 立管2、3支管：（3+4.25-17×0.06）×4+（3+4.25-11.5×0.06）×4=51.16 立管4支管：（3-13×0.06）×2+（3-11×0.06）×2=9.12 立管5支管：（2.55+0.12+0.05-18×0.06）×2+（2.55+0.12+0.05+0.05-18×0.06）×2=6.66

序号	项目名称	单位	数量	计算过程
5	镀锌钢管 DN20	m	155.78	立管6支管：（6.0-18.5×0.06）×2+（6.0-14×0.06）×2=20.1 立管7支管：（4.5-12×0.06）×2+（4.5-9×0.06）×2=15.48 立管8支管：（3.0+1.5-15×0.06）×2+（3.0+1.5-8.5×0.06）×2=15.18
6	四柱760铸铁散热器	片	392	8×2+9×3+10×4+12×2+13×2+14×2+15×2+16×4+18+19×2+20×3+21=392
7	法兰闸阀 DN50	个	2	
8	螺纹闸阀 DN25	个	18	
9	螺纹闸阀 DN20	个	8	
10	自动排气阀DN20	个	1	
11	手动跑风DN10	个	28	
12	刚性防水套管DN50	个	2	
13	钢套管DN50		9	
14	钢套管DN40		3	
15	钢套管DN32		3	
16	钢套管DN25		20	
17	钢套管DN20		37	
18	散热器面积	m²	92.12	392×0.235=92.12
19	室内镀锌钢管刷银粉面积	m²	28.65	DN50：$S=\pi DL=3.14×0.06×39.03=7.35$ DN40：$S=\pi DL=3.14×0.048×19.86=2.99$ DN32：$S=\pi DL=3.14×0.042×9.06=1.19$ DN25：$S=\pi DL=3.14×0.034×41.43=4.42$ DN20：$S=\pi DL=3.14×0.027×149.78=12.70$ 合计：28.65
20	50厚岩棉	m³	1.12	DN50：$V=\pi×(D+1.033\delta)×1.033\delta×L$ $=3.14×(0.06+1.033×0.05)×1.033×0.05×25.4=0.46$ DN40：$V=\pi×(D+1.033\delta)×1.033\delta×L$ $=3.14×(0.048+1.033×0.05)×1.033×0.05×19.32=0.31$ DN32：$V=\pi×(D+1.033\delta)×1.033\delta×L$ $=3.14×(0.042+1.033×0.05)×1.033×0.05×9=0.14$ DN25：$V=\pi×(D+1.033\delta)×1.033\delta×L$ $=3.14×(0.034+1.033×0.05)×1.033×0.05×9=0.13$ DN20：$V=\pi×(D+1.033\delta)×1.033\delta×L$ $=3.14×(0.027+1.033×0.05)×1.033×0.05×6=0.08$ 合计：1.12
21	保温外玻璃丝布	m²	34.78	DN50：$S=3.14×(0.06+2.1×0.05+0.0082)×25.4=13.81$ DN40：$S=3.14×(0.048+2.1×0.05+0.0082)×19.32=9.78$ DN32：$S=3.14×(0.042+2.1×0.05+0.0082)×9=4.39$ DN25：$S=3.14×(0.034+2.1×0.05+0.0082)×9=4.16$ DN20：$S=3.14×(0.027+2.1×0.05+0.0082)×6=2.64$ 合计：34.78

5.5.3.3　计算直接工程费

根据工程量套用《全国统一安装工程预算定额河北省消耗量定额》（2012）第8册及第11册定额，计算直接工程费。详见表5-4。

表5-4　单位工程预算表

工程名称：某办公楼采暖工程

序号	定额编号	分部分项工程名称	单位	数量	单价/元				主材费	合价/元		
					主材费	基价	其中			合价	其中	
							人工费	机械费			人工费	机械费
1	8-167	镀锌钢管螺纹连接DN20	10m	5.58	10×10.2	139.89	100.2		1648.32	2260.62	1619.23	
2	8-168	镀锌钢管螺纹连接DN25	10m	5.04	13×10.2	170.8	120.6	1.58	1043.56	1344.2	949.12	12.43
3	8-169	镀锌钢管螺纹连接DN32	10m	1.81	18×10.2	179.03	120.6	1.58	332.32	324.04	218.29	2.86
4	8-170	镀锌钢管螺纹连接DN40	10m	3.92	20×10.2	195.9	144.0	1.58	779.28	748.34	550.08	6.04
5	8-171	镀锌钢管螺纹连接DN50	10m	6.45	26×10.2	224.73	147.0	4.53	1710.54	1449.51	948.15	29.22
6	8-674	四柱760铸铁散热器	10片	39.2	15×6.91+16×3.19	58.39	22.8		6063.85	2288.89	893.76	
7	8-428	法兰闸阀DN50	个	2	180	133.42	27.0		360	266.84	54.0	
8	8-416	螺纹闸阀DN25	个	18	60×1.01	8.65	6.6		1090.8	155.7	118.8	
9	8-415	螺纹闸阀DN20	个	8	50×1.01	7.66	6.0		404	61.28	48.0	
10	8-473	自动排气阀DN20	个	1	20×1	22.33	12.0		20	22.33	12.0	
11	8-475	手动跑风DN10	个	28	3×1.01	2.24	1.8		84.84	62.72	50.4	
12	6-3098	刚性防水套管制作DN50	个	2	4.4×3.26	98.62	25.2	31.2	28.69	197.24	50.4	62.4
13	6-3115	刚性防水套管安装DN50	个	2		88.09	36.6			176.18	73.2	
14	8-333	钢套管DN50	个	9	20×0.306	21.19	7.8	1.31	55.08	190.71	70.2	11.79
15	8-332	钢套管DN40	个	3	17×0.306	15.37	5.4	1.09	15.61	46.11	16.2	3.27
16	8-331	钢套管DN32	个	3	14×0.306	12.68	4.8	0.8	12.85	38.04	14.4	2.4
17	8-330	钢套管DN25	个	20	11×0.306	10.31	4.2	0.69	67.32	206.2	84.0	13.8
18	8-329	钢套管DN20	个	37	8×0.306	8.24	3.6	0.51	90.58	304.88	133.2	18.87
19	11-1	散热器除轻锈	10m²	9.212		21.35	18.6			196.68	171.34	
20	11-194	散热器刷防锈漆第一遍	10m²	9.212		21.32	18.0			196.4	165.82	
21	11-196	散热器刷银粉第一遍	10m²	9.212		27.33	18.6			251.76	171.34	

续表

序号	定额编号	分部分项工程名称	单位	数量	单价/元						合价/元			
					主材费	基价	人工费	机械费		主材费	合价	人工费	机械费
									其中				其中
22	11-197	散热器刷银粉第二遍	10m²	9.212		25.68	18.0				236.56	165.82	
23	11-56	室内镀锌钢管刷银粉第一遍	10m²	2.85		19.37	15.0				62.02	48.03	
24	11-57	室内镀锌钢管刷银粉第二遍	10m²	2.85		17.32	14.4				55.46	46.11	
25	11-1926	地沟内50mm厚岩棉管壳保温	m³	1.12	400×1.03	272.26	228.6	13.91		461.44	304.93	256.03	15.58
26	11-2306	保温外玻璃丝布	10m²	3.478		25.98	25.8				90.36	89.73	
27	11-246	布外刷沥青第一遍	10m²	3.478		57.9	47.4				201.38	164.86	
28	11-247	布外刷沥青第二遍	10m²	3.478		48.33	40.2				168.09	139.82	
29	11-7	支架除轻锈	100kg	0.5		33.35	18.6	12.72			16.68	9.3	6.36
30	11-115	支架刷防锈漆第一遍	100kg	0.5		27.59	12.6	12.72			13.8	6.3	6.36
31	11-116	支架刷防锈漆第二遍	100kg	0.5		26.75	12.0	12.72			13.38	6.0	6.36
32	11-118	支架刷银粉第一遍	100kg	0.5		30.21	12.0	12.72			15.11	6.0	6.36
33	11-119	支架刷银粉第二遍	100Kg	0.5		29.49	12.0	12.72			14.75	6.0	6.36
		直接工程费合计								13855.05	11423.34	6960.56	206.14
	8-956	脚手架搭拆费4.2%×1.05%			基价为（73.5592+210.46）×4.2%，人工费为1.05%						301.00	75.25	
	8-957	采暖系统调整费13.05% 6.53%			基价为（73.5592+210.46）×13.05%，人工费为6.53%						935.25	467.99	
		其他措施费（略）			计算方法同上								
		直接费合计								13855.05	12659.59	7503.80	206.14

能力训练题

一、填空题

1. 采暖系统由_____、_____和_____三部分组成。

2. 采暖系统按照采暖时间分类，可分为_____、_____、_____。

3. 热水采暖系统按照循环动力可分为_____、_____。

4. 按照热源和热媒不同，采暖可分为_____、_____、_____、_____、地源热泵采暖等。

二、多选题

1. 采暖系统根据供热范围不同，可分为（　　　　）。
   - A. 局部采暖系统
   - B. 集中采暖系统
   - C. 区域采暖系统
   - D. 水源热泵采暖

2. 采暖系统根据热媒不同，可分为（　　　　）。
   - A. 热水采暖
   - B. 蒸汽采暖
   - C. 热风采暖
   - D. 烟气采暖

3. 采暖系统中补偿器的形式有（　　　　）。
   - A. 方形补偿器
   - B. 套筒补偿器
   - C. 波纹管补偿器
   - D. 空气补偿

4. 蒸汽采暖系统中疏水器的作用是（　　　　）。
   - A. 阻止蒸汽通过
   - B. 排除凝结水
   - C. 排除空气
   - D. 排除蒸汽

5. 采暖系统中热量表是计算热量的仪表，由（　　　　）组成。
   - A. 流量计
   - B. 温度传感器
   - C. 积分仪
   - D. 阀门

6. 采暖工程室内外界限以（　　　　）为界。
   - A. 室内外以入口阀门或建筑物外墙皮1.5m为界
   - B. 与工业管道界线以锅炉房或泵站外墙皮1.5m为界
   - C. 设在高层建筑内的加压泵间管道，以泵间外墙皮为界
   - D. 锅炉房、加压泵间管道执行第六册《工业管道工程》定额

7. 室外采暖管道敷设方式有（　　　　）。
   - A. 直埋敷设
   - B. 管沟敷设
   - C. 架空敷设
   - D. 桥架敷设

8. 室外采暖管道管沟敷设，根据管沟内人行通道的设置情况，分为（　　　　）。
   - A. 通行管沟
   - B. 半通行管沟
   - C. 不通行管沟
   - D. 封闭地沟

9. 室外采暖管道架空敷设按照支架高度不同，分为（　　　）。

　　A. 低支架敷设　　　　　　　　B. 中支架敷设

　　C. 高支架敷设　　　　　　　　D. 任意高度

三、判断题

1. 各种补偿器制作安装，均按设计图示数量以"个"为计量单位计算。方形伸缩器的主材费，按臂长的两倍合并在管道长度内计算。（　　　）

2. 低温地板辐射热水采暖系统中，管道安装按设计图示中心长度以延长米计算，以"10m"为计量单位。（　　　）

3. 低温地板辐射热水采暖系统中，保温隔热层铺设、铝箔纸、铁丝网铺设按设计图示尺寸以"10m"为单位计算。（　　　）

4. 散热器安装中快速接头安装的人工及材料已计入管道安装中，但其本身的价值应按设计数量另行计算。不带阀门的散热器安装时，每组增加两个活接头的材料费。（　　　）

5. 连接散热器的支管应有坡度以利排气，当支管全长小于 500mm 时，坡度值为 5mm；大于 500mm 时，坡度值为 10mm，进水、回水支管均沿流向顺坡。（　　　）

6. 膨胀水箱的膨胀管上不允许设置阀门，以免偶尔关断使系统内压力增高，以致发生事故。（　　　）

7. 信号管用来检查膨胀水箱水位，决定系统是否需要补水。信号管控制系统的最低水位，应接至锅炉房内或人们容易观察的地方，信号管末端不能设置阀门。（　　　）

消防工程识图与计价

知识目标

1. 了解消防工程的分类；

2. 了解消火栓系统、自动喷淋系统的组成；

3. 熟悉《全国统一安装工程预算定额河北省消耗量定额》（2012）内容；

4. 掌握水灭火系统工程量计算规则及其预算书编制；

5. 熟悉气体灭火和泡沫灭火系统工程量计算规则。

技能目标

1. 能够熟练识读消火栓工程、自动喷淋系统施工图；

2. 能够根据工程量计算规则计算消防系统工程量；

3. 能够熟练套用定额，计算直接费，进而计算工程造价。

情感目标

通过分组讨论学习，了解消防的重要性，让每个学生充分融入学习情境中，满足学生的求知欲和好奇心，激发学生的学习兴趣，形成良好的学习习惯，掌握消防工程量计算和套定额计算工程造价。通过各小组多方位合作，培养学生团队合作、互助互学的精神，形成正确的世界观、价值观和人生观。

6.1 建筑消火栓给水系统

随着人们生活水平的日益提高，家用电器越来越多、装修档次越来越高，火灾隐患也越来越高。根据建筑防火规范规定，必须设计建筑消防灭火系统。

建筑消防灭火系统根据灭火方式不同，一般分为三种：消火栓灭火系统、自动喷水灭火系统、其他灭火系统。

6.1.1 消火栓的设置范围

根据建筑防火规范规定，以下建筑物应设室内消火栓灭火系统：

① 厂房、库房、高度不超过 24m 的科研楼。

② 超过 800 个座位的剧院、电影院、俱乐部和超过 1200 个座位的礼堂、体育馆。

③ 体积超过 5000m³ 的车站、码头、机场以及展览馆、病房楼、图书馆等。

④ 超过七层的单元式住宅、超过六层的塔式住宅、通廊式住宅等。

⑤ 超过五层或体积超过 10000m³ 的教学楼等。

⑥ 国家级文物保护单位的重点砖木或木结构的古建筑。

⑦ 高层民用建筑。

6.1.2　室内消火栓灭火系统的组成

室内消火栓灭火系统通常是由消防水源、消防设备、消防管网以及消火栓设备四部分组成，如图 6-1 所示。

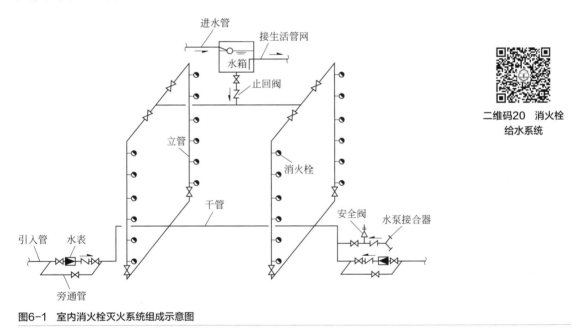

二维码20　消火栓给水系统

图6-1　室内消火栓灭火系统组成示意图

6.1.2.1　消防水源

消防水源主要是市政供水管网、天然水源、消防水池。一般室外有生活、生产、消防供水管网可以供给消防用水的，应该优先选用市政供水管网。天然水源优选地表水。

6.1.2.2　消防设备

消防设备主要包括消防水箱、消防水泵、水泵接合器等。

（1）消防水箱　一般消防水箱和生活水箱合用，以保证水箱内贮存水保持流动，防止水质变坏，同时水箱的安装高度应保证建筑物内最不利点消火栓所需水压要求，贮存水量应满足室内 10min 消防用水量。

（2）消防水泵 消防水源提供的消防用水，都需要消防水泵进行加压，以满足灭火时对水压和水量的要求。消防水泵应设置备用泵，且应采用自灌式吸水。

（3）水泵接合器 当发生火灾时，消防车的水泵可迅速方便地通过水泵接合器的接口与建筑物内的消防设备相连接，并送水加压，从而使室内的消防设备得到充足的压力水源，用以扑灭不同楼层的火灾。水泵接合器由本体、弯管、闸阀、止回阀、泄水阀及安全阀等组成，分地上式（SQ）、地下式（SQX）、墙壁式（SQB）三种，如图6-2所示。

(a) 地上式水泵接合器　　　(b) 地下式水泵接合器　　　(c) 墙壁式水泵接合器

图6-2 水泵接合器

6.1.2.3 消防管网

消防管网是消火栓系统的重要组成部分，主要有进水管、干管、立管、支管等。对于7～9层单元式住宅，可设置一条进水管；超过10个消火栓，应设置两条进水管，并与室外环状管网连接，室内管道亦连接成环状。民用建筑的消防管网与生活给水系统宜分开设置。

6.1.2.4 消火栓设备

室内消火栓设备由消火栓、水龙带和水枪组成，并安装在消火栓箱内，如图6-3所示。

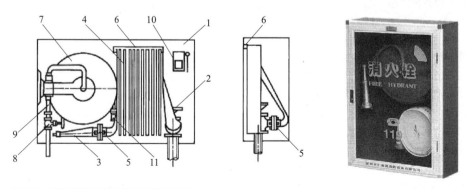

图6-3 带消防软管卷盘的室内消火栓箱

1—消火栓箱；2—消火栓；3—水枪；4—水龙带；5—水带接扣；6—挂架；7—消防卷盘；8—闸阀；9—钢管；10—消防按钮及火灾报警按钮；11—卷盘喷嘴

（1）消火栓　消火栓是一种带内扣接头的球形阀门，一端接消防立管，一端接水龙带。消火栓分为单出口消火栓和双出口消火栓，单出口消火栓有SN50、SN65两种规格；双出口只有SN65一种规格。当最小流量不小于2.5L/s时，可采用SN50；当最小流量不小于5L/s时，宜采用SN65。高层建筑消火栓一般选择SN65。

（2）水龙带　室内消防水龙带有麻织、棉织和衬胶三种。规格有DN50和DN65两种，长度有15m、20m、25m、30m。水龙带卷好后悬挂在挂架上。

（3）水枪　水枪是灭火的主要工具之一，其作用在于收缩水流，产生击灭火焰的充实水柱。一般采用直流式水枪，口径有13mm、16mm、19mm三种。13mm口径水枪只能配DN50的水龙带，16mm口径水枪既可以配DN50的水龙带也可以配DN65的水龙带，19mm口径水枪只能配DN65的水龙带。

（4）消防卷盘　消防卷盘是由阀门、软管、卷盘、喷枪等组成的，是能够在展开卷盘的过程中喷水灭火的设施，可以单独设置，通常与消火栓一起设置。

（5）消火栓箱　用来放置消火栓、水枪、水龙带的箱子，明装或嵌入式安装在墙体内。规格有800mm×650mm×320（200）mm，用铝合金、钢板或木材制作，外装玻璃门。消火栓箱内还安装有消防按钮。

6.1.3　室内消火栓灭火系统的布置

二维码21　室内消火栓及管道的布置

6.1.3.1　室内消火栓的布置要求

室内消火栓的布置应符合下列规定：

① 除无可燃物的设备层外，其余各层均应设置消火栓。当设2根消防竖管有困难时可设1根消防竖管，但必须用双口消火栓。

② 室内消火栓宜布置在各层明显、易于取用和经常有人出入的地方，如楼梯间、走廊、大厅、电梯的前室等处。

③ 室内消火栓的布置应保证有两支水枪的充实水柱同时到达室内任何部位。建筑高度小于或等于24m且体积小于或等于5000m³的库房，可采用1支水枪充实水柱到达室内任何部位。

充实水柱是指靠近水枪的一段密集不分散的射流，充实水柱长度是直流水枪灭火时的有效射程，是水枪射流中在26~38mm直径圆断面内、包含全部水量75%~90%的密实水柱长度。水枪的充实水枪长度应由计算确定，一般不应小于7m。但甲、乙类厂房，超过6层的民用建筑，超过4层的厂房和库房内，水枪的充实水柱不应小于13m，详见表6-1。

表6-1　各类建筑要求充实水柱长度

建筑物类别		长度/m	建筑物类别		长度/m
多层建筑	一般建筑	≥7	高层建筑	民用建筑高度≥100m	≥13
	甲、乙类厂房，大于6层民用建筑，大于4层厂、库房	≥10		民用建筑高度<100m	≥10
				高层工业建筑	≥13
	高架库房	≥13	停车库、修车库内		≥10

④ 消火栓应每层设置，栓口距离地面 1.1m，出水方向宜向下或与设置消火栓的墙面成 90° 角。

⑤ 冷库的室内消火栓应设在常温穿堂内或楼梯间内。

⑥ 设有室内消火栓的建筑，如为平屋顶时宜在平屋顶上设置试验和检查用的消火栓。

⑦ 同一建筑物内应采用统一规格的消火栓、水枪和水带，以方便使用。每条水带的长度不应大于 25m。

⑧ 室内消火栓栓口的静水压应不超过 80m 水柱；如超过 80m 水柱时，应采用分区给水系统，消火栓栓口处的出水压力超过 50m 水柱时，应有减压设施。

6.1.3.2 室内消火栓管道的布置要求

① 室内消火栓超过 10 个且室外消防用水量大于 15L/s 时，应设两条进水管与室外管网或消防水泵连接，且室内管网应连成环状。室内消防立管直径不应小于 DN100mm。

② 室内消火栓给水管网宜与自动喷水灭火系统的管网分开设置；当合用消防泵时，供水管路应在报警阀前分开设置。

③ 消防水泵接合器应设置在室外便于消防车使用的地点，与室外消火栓或消防水池取水口的距离宜为 15.0 ～ 40.0m。

④ 室内消防给水管道应用阀门分成若干独立段。对于单层厂房（仓库）和公共建筑，检修停止使用的消火栓不应超过 5 个。

6.1.4 室内消火栓灭火系统安装工艺

室内消火栓灭火系统安装工艺流程：施工准备→预制加工→干管安装→支管安装→箱体稳固→附件安装→管道试压、冲洗→系统调试。

6.1.4.1 管道安装

室内消火栓灭火系统管材应采用镀锌钢管，DN≤100mm 时采用螺纹连接，当管子与设备、法兰阀门连接时应采用法兰连接；DN>100mm 时管道均采用沟槽式连接或法兰连接，管子与法兰的焊接处应进行防腐处理。管道穿过建筑物的变形缝时，应设置柔性短管。穿过墙体或楼板时应加设钢套管，套管高出地面 20mm。埋地敷设的金属管道应做防腐处理，一般的做法是刷沥青漆和包玻璃布。

6.1.4.2 消火栓安装

（1）消火栓箱安装 消火栓箱安装有两种形式，一种是暗装，即箱体埋入墙中，立、支管均暗装在竖井或吊顶中；一种是明装，即箱体立于地面或挂在墙上，立、支管为明管敷设。

（2）箱式消火栓安装 应符合下列规定：

① 栓口应朝外，不应安装在门轴侧。

② 栓口中心距地面为 1.1m，允许偏差 ±20mm。

③ 阀门中心距箱侧面为 140mm，距箱后内表面为 100mm，允许偏差 ±5mm。

④ 消火栓箱体安装的垂直度允许偏差为 3mm。

（3）消火栓水龙带安装　安装消火栓水龙带时，水龙带与水枪和快速接头绑扎好后，应根据箱内构造将水龙带挂放在箱内的挂钉、托盘或支架上，见图6-4。

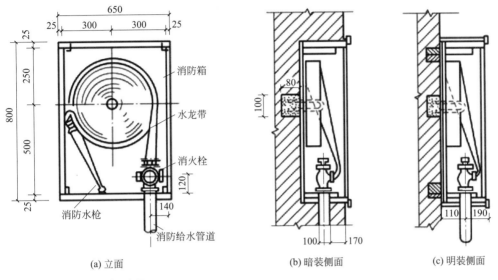

(a) 立面　　　　　　　　(b) 暗装侧面　　　　　　(c) 明装侧面

图6-4　室内消火栓安装示意图

6.1.4.3　管道的试压和冲洗

系统安装完后，应按设计要求对管网进行强度、严密性试验。一般采用水压试验，水压试验的测试点应设在系统管网的最低点，注水时应注意管内的空气排净，并缓慢升压。试压力为 1.5 倍的工作压力，稳压 10min，不渗不漏，压力降不大于 0.02MPa 为合格。严密性试验在水压强度试验和管网冲洗合格后进行，试验压力为工作压力，稳压 24h，不渗不漏为合格。

6.1.4.4　试射试验

室内消火栓灭火系统安装完成后应取首层和屋顶（或水箱间内）试验两处消火栓做试射试验。检查屋顶试验消火栓水压力及底层消火栓口压力是否符合设计要求；连接好屋顶试验消火栓水龙带及水枪，打开屋顶试验消火栓，并启动消火栓泵或用消防车通过水泵接合器向系统加压，检测消火栓水枪充实水柱是否符合设计要求。

6.2　自动喷水灭火系统

自动喷水灭火系统是一种发生火灾时，能自动打开喷头喷水灭火，并同时发出火警信号的消防灭火设施，具有安全可靠、控火灭火成功率高、经济实用、使用期长等优点。自动喷水灭火系统扑灭初期火灾的效率在97%以上。

高层建筑除了设置室内消火栓灭火系统外，还应设置自动喷水灭火系统。

6.2.1 自动喷水灭火系统的基本形式及工作原理

自动喷水灭火系统按喷头开闭形式分为闭式自动喷水灭火系统和开式自动喷水灭火系统。闭式自动喷水灭火系统有湿式、干式、干湿式和预作用自动喷水灭火系统；开式自动喷水灭火系统有雨淋灭火系统、水幕系统和水喷雾灭火系统。

6.2.1.1 湿式自动喷水灭火系统

湿式自动喷水灭火系统是由湿式报警阀组、闭式喷头、水流指示器、报警装置、末端试水装置、管道和供水设施等组成，如图6-5所示。该系统在准工作状态时报警阀前后的管道内始终充满有压水，故称湿式自动喷水灭火系统。

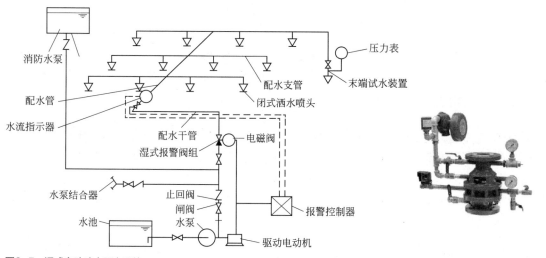

图6-5 湿式自动喷水灭火系统

其工作原理为：火灾发生的初期，建筑物的温度随之不断上升，当温度上升到足以使闭式喷头温感元件爆破或熔化脱落时，喷头即自动喷水灭火。该系统结构简单，使用方便、可靠，便于施工、管理，灭火速度快、控火效率高，比较经济、适用范围广，占整个自动喷水灭火系统的75%以上。其适于安装在常年室温不低于4℃（经常低于4℃的场所，管道内充水有冻结的危险）且不高于70℃（高于70℃的场所，管内充水汽化的加剧有破坏管道的危险）能用水灭火的建筑物、构筑物内。

6.2.1.2 干式自动喷水灭火系统

干式自动喷水灭火系统由闭式喷头、管道系统、干式报警阀、报警控制装置、充气设备、排气设备和供水设施等组成，如图6-6所示。

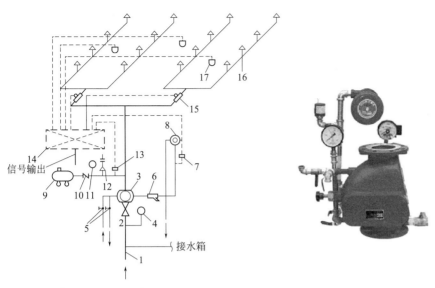

图6-6　干式自动喷水灭火系统

1—供水管；2—闸阀；3—干式阀；4—压力表；5—截止阀；6—过滤器；7—压力开关；8—水力警铃；9—空压机；10—单向阀；11—压力表；12—溢流阀；13—压力开关；14—火灾报警控制箱；15—水流指示器；16—闭式喷头；17—火灾探测器

干式自动喷水灭火系统平时管网中充满的是压缩空气，满足寒冷和高温场所自动喷水灭火系统的需要。火灾发生时，首先排出管网中的压缩空气，于是报警阀后管网压力下降，干式报警阀阀前压力大于阀后压力，干式报警阀开启，水流向配水管网，并通过已开启的喷头喷水灭火。干式系统主要由闭式喷头、管网、干式报警阀、充气设备、报警装置和供水设备组成，适用于环境温度低于4℃（或年采暖期超过240天的不采暖房间）及高于70℃的建筑物和场所。

6.2.1.3　预作用自动喷水灭火系统

预作用自动喷水灭火系统，平时预作用阀后管网充以低压压缩空气或氮气（也可以是空管），火灾时，由火灾探测系统自动开启预作用阀，使管道充水呈临时湿式系统。预作用自动喷水灭火系统主要由闭式喷头、管网系统、预作用阀组、充气设备、供水设备、火灾探测报警系统等组成，可用于对自动喷水灭火系统安全要求较高的建筑物中，如图6-7所示。

6.2.1.4　雨淋灭火系统

雨淋灭火系统是由火灾探测系统、开式喷头、报警控制装置、喷水管网、雨淋阀及供水设备等组成。发生火灾时，系统管道内给水是通过火灾探测系统控制雨淋阀来实现的，并设有手动开启阀门装置。雨淋灭火系统在灭火时可形成倾盆大雨的效果，适用于扑灭大面积火灾，如图6-8所示。

6.2.1.5　水幕系统

水幕系统，也称水幕灭火系统，是由水幕喷头、雨淋报警阀组或感温雨淋阀、供水与配水管道、控制阀及水流报警装置等组成，主要起阻火、冷却、隔离的作用。按水幕功能分为防火分隔水幕和防护冷却水幕两种。水幕系统不是灭火设施，而是防火设施，如图6-9所示。

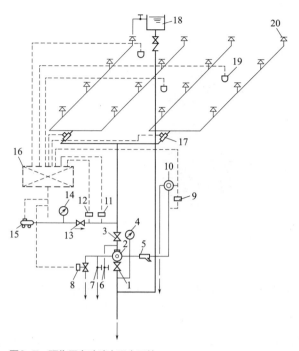

图6-7   预作用自动喷水灭火系统

1—供水闸阀；2—预作用阀；3—出水闸阀；4—供水压力表；5—过滤器；6—试水截止阀；7—手动开启截止阀；8—电磁阀；9—报警压力开关；10—水力警铃；11—空压机信号开关；12—低气压报警开关；13—单向阀；14—空气压力表；15—空压机；16—火灾报警控制器；17—水流指示器；18—水箱；19—火灾探测器；20—闭式喷头

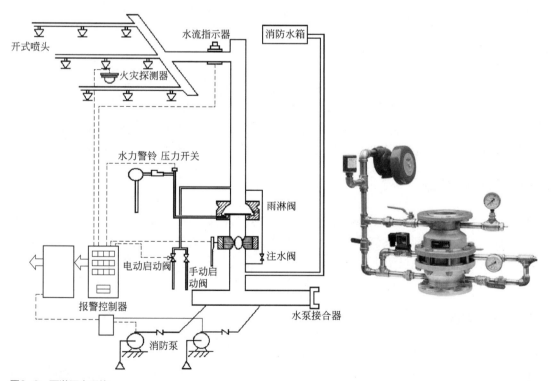

图6-8   雨淋灭火系统

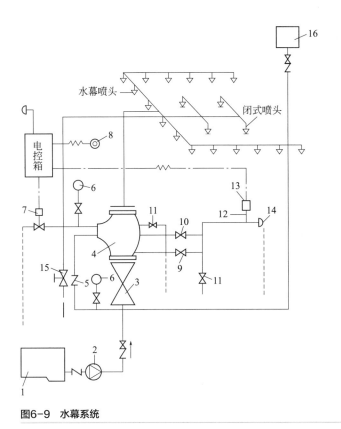

图6-9 水幕系统

1—水池；2—水泵；3—供水闸阀；4—雨淋阀；5—单向阀；6—压力表；7—电磁阀；8—按钮；9—试水闸阀；10—警铃管阀；11—放水阀；12—滤网；13—压力开关；14—水力警铃；15—手动开启阀；16—水箱

6.2.1.6 水喷雾灭火系统

　　水喷雾灭火系统是由水源、供水设备、管道、雨淋阀组、过滤器和水雾喷头等组成。水喷雾灭火系统是利用水雾喷头在较高的水压力作用下，将水流分离成0.2～2mm甚至更小的细小水雾滴喷射到正在燃烧的物质表面时，产生表面冷却、窒息、乳化和稀释的综合效应，实现灭火。水喷雾灭火系统具有适用范围广的优点，可以提高扑灭固体火灾的灭火效率，同时由于水雾具有不会造成液体飞溅、电气绝缘性好的特点，可用于扑救固体火灾、闪点温度高于60℃的液体或电气火灾、可燃气体火灾等，但不能用于扑救与水发生化学反应造成燃烧、爆炸的火灾。水喷雾灭火系统如图6-10所示。

6.2.2 自动喷水灭火系统主要组件

　　自动喷水灭火系统主要由管道系统、喷头、火灾探测器、报警控制组件和供水水源等组成。

6.2.2.1 管道系统

　　管道系统是自动喷水系统的重要组成部分，主要有进水管、干管、立管、支管等。建筑物内的供水干管一般宜布置成环状，进水管不宜少于两条，当一条进水管出现故障时，另一条进水管仍能保证全部用水量和水压。在自动喷水管网上应设置水泵接合器。

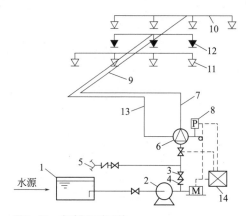

图6-10 水喷雾灭火系统

1—水池；2—水泵；3—闸阀；4—止回阀；5—水泵接合器；6—雨淋报警阀；7—配水干管；8—压力开关；9—配水管；10—配水支管；11—开式洒水喷头；12—闭式洒水喷头；13—传动管；14—报警控制器；P—压力表；M—驱动电动机

6.2.2.2 喷头

喷头就是将有压力的水喷洒成细小水滴进行洒水的设备。喷头的种类很多，按喷头是否有堵水支撑，分为闭式喷头和开式喷头。

（1）闭式喷头 闭式喷头是一种直接喷水灭火的组件，是带热敏感元件及其密封组件的自动喷头。该热敏感元件可在预定温度范围下动作，使热敏感元件及其密封组件脱离喷头主体，并按规定的形状和水量在规定的保护面积内喷水灭火。它的性能好坏直接关系着系统的启动和灭火、控火效果，如图 6-11 所示。

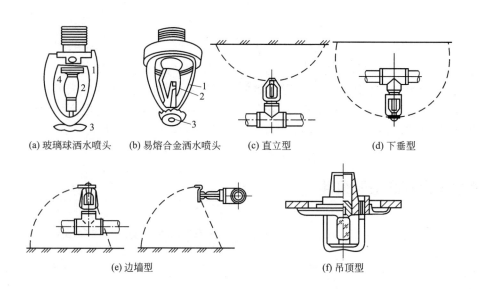

(a) 玻璃球洒水喷头　(b) 易熔合金洒水喷头　(c) 直立型　(d) 下垂型

(e) 边墙型　(f) 吊顶型

二维码23 自动喷水灭火系统组件

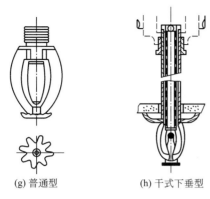

(g) 普通型　　　(h) 干式下垂型

图6-11　闭式喷头类型及构造

（2）开式喷头　开式喷头无感温元件也无密封组件，喷水动作由阀门控制，根据用途分为开启式、水幕、喷雾三种类型，构造如图6-12所示。

图6-12　开式喷头

6.2.2.3　火灾探测器

火灾探测器按对现场的信息采集类型分为感烟探测器、感温探测器、复合式探测器、火焰探测器、特殊气体探测器；按对现场信息采集原理分为离子型探测器、光电型探测器、线性探测器；按在现场的安装方式分为点式探测器、缆式探测器、红外光束探测器；按探测器与控制器的接线方式分为总线制和多线制，如图6-13所示。

图6-13　火灾探测器

6.2.2.4　报警控制组件

报警控制组件由控制阀、报警阀、报警装置和检验装置组成。

6.2.2.5　供水水源

二维码24　自动喷水
灭火系统安装

自动喷水灭火系统供水水源主要由消防水池、高位水箱、水泵接合器等组成。

6.2.3　自动喷水灭火系统安装

自动喷水灭火系统安装工艺流程：施工准备→干管安装→报警阀安装→立管安装→分层干、支管安装→喷头支管安装→管道试压和冲洗→减压装置安装→报警阀配件及其他组件、喷头安装→系统通水调试。

6.2.3.1　管道安装

① 室内消火栓给水管网与自动喷水灭火设备的管网，宜分开设置。

② 自动喷水管网与消火栓管网宜分开设置水泵，水泵出水口设置闸阀和止回阀。

③ 自动喷水灭火系统的管道，DN100mm 以下采用丝扣连接，DN100mm 及以上采用沟槽连接。无论何种连接方式，均不得减少管道的流通面积。

④ 管道与墙、梁、柱的最小距离如表 6-2 所示。

表6-2　管道中心与墙、梁、柱的最小距离

公称直径/mm	25	32	40	50	65	80	100	125	150	200
距离/mm	40	40	50	60	70	80	100	125	150	200

⑤ 报警阀的安装。报警阀安装于明显而便于操作的地点，距地面高度一般为 1.2m，两侧距墙不小于 0.5m，正面距墙不小于 1.2m，安装报警阀的室内地面应采取排水措施。

⑥ 立管的安装。立管暗装在竖井内时，在管井内预埋铁件上安装卡件固定，立管底部的支、吊架要牢固，防止立管下坠；立管明装时，每层楼板要预留洞，立管可随结构穿入，减少立管接口。

⑦ 喷头支管的安装。根据喷头的安装位置，将喷头支管做到喷头的安装位置，用丝堵代替喷头拧在支管末端上。根据喷头溅水盘安装要求，对管道甩口高度进行复核。一般喷头间距不应小于 2m，以避免一个喷头喷出的水流淋湿另一个喷头，影响它的动作灵敏度，除非二者之间有一具备挡水作用的构件。

6.2.3.2　管道试压和冲洗

系统安装完后，应按设计要求对管网进行强度、严密性试验，以验证其工程质量。管网的强度、严密性试验一般采用水压进行试验。水压试验的测试点应设在系统管网的最低点，

注水时应注意将管内的空气排净，并缓慢升压。水压达到试验压力后，稳压 10min，管网不渗不漏，压力降不大于 0.02MPa 为合格。

严密性试验在水压强度试验和管网冲洗合格后进行，试验压力为工作压力，稳压 24h，不渗不漏为合格。在主管道上起切断作用的主控阀门，必须逐个做强度和严密性试验，其试验压力为阀门出厂规定的压力值。

6.2.3.3　报警阀配件及其他组件安装

（1）报警阀配件安装　报警阀配件安装应符合以下规定：压力表应安装在报警阀上便于观测的位置；排水管和试验阀应安装在便于操作的地方；水源控制阀应有可靠的开启锁定设施；湿式报警阀的安装除应符合上述要求外，还应能使报警阀前后的管道顺利充满水，压力波动时，水力警铃不应发生误报警；每一个防火区都设有一个水流指示器。

（2）水流指示器的安装　水流指示器的安装应在管道试压和冲洗合格后进行；水流指示器应竖直安装在水平管道上侧，其动作方向应和水流方向一致；安装后的水流指示器叶片、膜片应动作灵活，不应与管壁发生碰擦；在管道上开孔时，应使用开孔器开孔，不能使用割具开孔，以避免熔渣滴入管内，在使用时卡住叶片。

（3）水力警铃的安装　水力警铃应安装在公共通道或值班室附近的外墙上；水力警铃和报警阀的连接应采用镀锌钢管，当镀锌钢管的公称直径为 DN15mm 时，其长度不应大于 6m；镀锌钢管的公称直径为 DN20mm 时，其长度不应大于 20m；安装后的水力警铃启动压力不应小于 0.05MPa。

（4）信号阀的安装　信号阀应安装在水流指示器前的管道上，与水流指示器之间的距离不应小于 300mm。

（5）排气阀的安装　排气阀的安装应在系统管网试压和冲洗合格后进行，排气阀应安装在配水管顶部及末端，且应确保无渗漏。

（6）控制阀的安装　控制阀的规格、型号和安装位置均应符合设计要求，安装方向应正确，控制阀内应清洁、无堵塞、无渗漏；主要控制阀应加设启闭标志；隐蔽处的控制阀应在明显处设有指示其位置的标志。

（7）压力开关的安装　压力开关应竖直安装在通往水力警铃的管道上，且不应在安装中拆装改动。

（8）末端试水装置的安装　末端试水装置宜安装在系统管网末端或分区管网末端。

6.2.3.4　喷头安装

在安装喷头前，管道系统应经过试压、冲洗。喷头在安装时，应使用专用扳手，严禁利用喷头的框架施拧。若喷头的框架，溅水盘变形或释放元件损伤时，应换上规格、型号相同的喷头。喷头的两翼方向应成排统一安装。护口盘要紧贴吊顶，走廊单排的喷头两翼应横向安装。

6.3 消防系统工程计量与计价

6.3.1 定额内容

《全国统一安装工程预算定额河北省消耗量定额》(2012)第七册《消防设备安装工程》适用于工业与民用建筑中的新建、扩建和整体更新改造工程。

6.3.2 火灾自动报警系统安装

6.3.2.1 工程量计算规则

① 点型探测器按线制的不同分为多线制与总线制，不分规格、型号、安装方式与位置，按图纸设计，以"只"为计量单位计算。探测器安装包括了探头和底座的安装及本体调试。

② 红外线探测器按图纸设计以"对"为计量单位计算。红外线探测器是成对使用的，在计算时一对为两只。项目中包括了探头支架安装和探测器的调试、对中。

③ 火焰探测器、可燃气体探测器按线制的不同分为多线制与总线制两种，计算时不分规格、型号、安装方式与位置，按图纸设计以"只"为计量单位计算。探测器安装包括了探头和底座的安装及本体调试。

④ 线型探测器的安装方式按环绕、正弦及直线综合考虑，不分线制及保护形式，以延长米计算。项目中未包括探测器连接的模块和终端，其工程量应按相应项目另行计算。

⑤ 按钮包括消火栓按钮、手动报警按钮、气体灭火启/停按钮，按图纸设计以"只"为计量单位计算，按照在轻质墙体和硬质墙体上安装两种方式综合考虑，执行时不应因安装方式不同而调整。

⑥ 控制模块(接口)是指仅能起控制作用的模块(接口)，亦称为中继器，依据其给出控制信号的数量，分为单输入(出)和多输入(出)两种形式。执行时不分安装方式，按照输出数量以"只"为计量单位计算。

⑦ 报警模块(接口)、总线隔离器等不起控制作用，只能起监视、报警作用，执行时不分安装方式，以"只"为计量单位计算。

⑧ 报警控制器按线制的不同分为多线制与总线制两种，其中又按其安装方式不同分为壁挂式和落地式。在不同线制、不同安装方式中按照"点"数的不同划分项目，以"台"为计量单位计算。

多线制"点"是指报警控制器所带报警器件(探测器、报警按钮等)的数量。

总线制"点"是指报警控制器所带有地址编码的报警器件(探测器、报警按钮、模块等)的数量。如果一个模块带数个探测器，则只能计为一点。

⑨ 联动控制器按线制的不同分为多线制与总线制两种，其中又按其安装方式不同分为壁挂式和落地式。在不同线制、不同安装方式中按照"点"数的不同划分项目，以"台"为计量单位计算。

多线制"点"是指联动控制器所带联动设备的状态控制和状态显示的数量。

总线制"点"是指联动控制器所带的有控制模块（接口）的数量。

⑩ 报警联动一体机按其安装方式不同分为壁挂式和落地式。按照"点"数的不同划分阶段项目，以"台"为计量单位计算。

这里的"点"是指报警联动一体机所带的有地址编码报警器件与控制模块（接口）的数量。

⑪ 气动钢瓶驱动盘、多线制控制盘，按图纸设计以"台"为计量单位计算。

⑫ 重复显示器（楼层显示器）不分规格、型号、安装方式，按总线制与多线制划分，以"台"为计量单位计算。

⑬ 警报装置分为声光报警和警铃报警两种形式，均以"只"为计量单位计算。

⑭ 远程控制器按其控制回路数以"台"为计量单位计算。

⑮ 火灾事故广播中的功放机、录音机的安装按柜内及台上两种方式综合考虑，分别以"台"为计量单位计算。

⑯ 消防广播控制柜是指安装成套消防广播设备的成品机柜，不分规格、型号，以"台"为计量单位计算。

⑰ 火灾事故广播中的扬声器与音箱不分规格、型号，按照吸顶式与壁挂式以"只"为计量单位计算。

⑱ 广播分配器是指单独安装的消防广播用分配器（操作盘），按图纸设计，以"台"为计量单位计算。

⑲ 消防通信系统中的电话交换机按"门"数不同以"台"为计量单位计算；通信分机、插孔是指消防专用电话分机与电话插孔，不分安装方式，按图纸设计，分别以"部""个"为计量单位计算。

⑳ 报警备用电源综合考虑了规格、型号，以"台"为计量单位计算。

6.3.2.2　定额说明

火灾自动报警系统包括以下工作内容：

① 施工技术准备、施工机械准备、标准仪器准备、施工安全防护措施、安装位置的清理。

② 设备、箱、机及元件的搬运，开箱检查，清点，杂物回放，安装就位，接地，密封，箱、机内的校线、接线、挂锡、编码，测试、清洗，记录整理等。

③ 火灾自动报警系统项目中均包括了校线、接线和本体调试。

④ 火灾自动报警系统项目中箱、机是以成套装置编制的；柜式及琴台式安装均执行落地式安装相应项目。

火灾自动报警系统不包括以下工作内容：

① 设备支架、底座、基础的制作与安装。

② 构件加工、制作。

③ 电机检查、接线及调试。

④ 事故照明及疏散指示控制装置安装。

⑤ CRT 彩色显示装置安装。

6.3.3 水灭火系统安装

6.3.3.1 定额说明

（1）界线划分

① 室内外界线：以建筑物外墙皮 1.5m 为界，入口处设阀门者以阀门为界。

② 设在高层建筑内的消防泵间管道与水灭火系统界线，以泵间外墙皮为界。

（2）管网冲洗项目　按水冲洗考虑，若采用水压气动冲洗法时，可按施工方案另行计算。

（3）除定额另有说明外，不包括以下工作内容：

① 阀门、法兰安装，各种套管的制作安装，泵房间的管道安装及管道系统强度试验、严密性试验，执行第六册《工艺管道工程》相应项目。

② 消火栓管道、室外给水管道安装及水箱制作安装，执行第八册《给排水、采暖、燃气工程》相应项目。

③ 各种消防泵、稳压泵安装及设备二次灌浆等，执行第一册《机械设备安装工程》相应项目。

④ 各种仪表的安装及带电讯号的阀门、水流指示器、压力开关的接线、校线，执行第十册《自动化控制仪表安装工程》相应项目。

⑤ 管道、设备、支架、法兰焊口除锈、刷油防腐，执行第十一册《刷油、防腐蚀、绝热工程》相应项目。

⑥ 设置于管道间、管廊内的管道、阀件（阀门、过滤器、伸缩节、水表等），其项目人工乘以系数 1.3。

6.3.3.2 工程量计算规则

① 管道安装按设计管道中心长度，以延长米计算，不扣除阀门、管件及各种组件所占长度。

② 喷头安装按有吊顶、无吊顶分别以"10 个"为计量单位计算。

③ 报警装置安装按成套产品以"组"为计量单位计算。其他报警装置适用于雨淋、干式（含干湿两用）及预作用报警装置，安装执行湿式报警装置安装项目，其人工乘以系数 1.2，其余不变。成套产品包括的内容见表 6-3。

表6-3　成套产品包括的内容

序号	项目名称	型号	包括内容
1	湿式报警装置	ZSS	湿式阀、蝶阀、装配管、供水压力表、装置压力表、试验阀、泄放试验阀、泄放试验管、试验管流量计、过滤器、延时器、水力警铃、报警截止阀、漏斗、压力开关等
2	干湿两用报警装置	ZSL	两用阀、蝶阀、装置截止阀、装配管、加速器、加速器压力表、供水压力表、试验阀、泄放试验阀（湿式）、泄放试验阀（干式）、挠性接头、泄放试验管、试验管流量计、排气阀、截止阀、漏斗、过滤器、延时器、水力警铃、压力开关等

序号	项目名称	型号	包括内容
3	电动雨淋报警装置	ZSY1	雨淋阀、蝶阀（2个）、装配管、压力表、泄放试验阀、流量表、截止阀、注水阀、止回阀、电磁阀、排水阀、手动应急球阀、报警试验阀、漏斗、压力开关、过滤器、水力警铃等
4	预作用报警装置	ZSU	干式报警阀、控制蝶阀（2个）、压力表（2块）、流量表、截止阀、排放阀、注水阀、止回阀、泄放阀、报警试验阀、液压切断阀、装配管、供水检验管、气压开关（2个）、试压电磁阀、应急手动试压器、漏斗、过滤器、水力警铃等
5	室内消火栓	SN	消火栓箱、消火栓、水枪、水龙带、水龙带接扣、挂架、消防按钮
6	消防水泵接合器	地上式SQ	消防接口本体、止回阀、安全阀、闸阀、弯管底座、放水阀
		地下式SQX	消防接口本体、止回阀、安全阀、闸阀、弯管底座、放水阀
		墙壁式SQB	消防接口本体、止回阀、安全阀、闸阀、弯管底座、放水阀、标牌
7	室内消火栓组合卷盘	SN	消火栓箱、消火栓、水枪、水龙带、水龙带接扣、挂架、消防按钮、消防软管卷盘

④ 水流指示器、减压孔板安装按不同规格均以"个"为计量单位计算。

⑤ 末端试水装置按不同规格均以"组"为计量单位计算。

⑥ 室内消火栓安装，区分单栓和双栓以"套"为计量单位计算，包括除消防按钮外全套产品的安装工作，所带消防按钮的安装另行计算。

⑦ 室内消火栓组合卷盘安装，执行室内消火栓安装项目乘以系数1.2。

⑧ 室外消火栓安装，区分不同规格以"套"为计量单位计算，包括自给水干管消火栓三通或给水支管消火栓弯管底座至消火栓（包括消火栓、法兰接管、带泄水口的法兰短管、弯管底座或消火栓三通、法兰、阀门等）的全部安装工作。

⑨ 消防水泵接合器安装，区分不同安装方式和规格以"套"为计量单位计算。如设计要求用短管时，短管价值可另行计算，其余不变。成套产品包括的内容详见表6-3。

⑩ 隔膜式气压水罐安装，区分不同规格以"台"为计量单位计算。出入口法兰和螺栓按设计规定另行计算。

⑪ 管道支吊架、综合支吊架及防晃支架的制作安装，按图纸设计，均以"100kg"为计量单位计算。

⑫ 自动喷水灭火系统管网水冲洗，区分不同规格以延长米计算。

6.3.4　消防系统调试

6.3.4.1　定额说明

① 系统调试是指消防报警和灭火系统安装完毕且连通，并达到国家有关消防施工验收规范、标准所进行的全系统的检测、调整和试验。

② 自动报警系统装置包括各种探测器、手动报警按钮和报警控制器。灭火系统控制装置包括消火栓、自动喷水、卤代烷、七氟丙烯、二氧化碳等固定灭火系统的控制装置。

③ 气体灭火系统调试试验时采取的安全措施，应按施工组织设计另行计算。

6.3.4.2　工程量计算规则

① 自动报警系统包括各种探测器、报警按钮、报警控制器组成的报警系统，分别按照不同点数以"系统"为计量单位计算，其点数按多线制与总线制报警器的点数计算。

② 水灭火系统控制装置按照不同点数以"系统"为计量单位计算，其点数按多线制与总线制联动控制器的点数计算。

③ 火灾事故广播、消防通信系统中的消防广播喇叭、音响和消防通信的电话分机、电话插孔，按其数量以"10只"为计量单位计算。

④ 消防用电梯与控制中心间的控制调试按图纸设计，以"部"为计量单位计算。

⑤ 电动防火门、防火卷帘门是指可由消防控制中心显示与控制的电动防火门、防火卷帘门，按图纸设计，以"10处"为计量单位计算，每樘为一处。

⑥ 正压送风阀、排烟阀、防火阀按图纸设计，以"10处"为计量单位计算，一个阀为一处。

⑦ 气体灭火系统装置调试包括模拟喷气试验、备用灭火器贮存容器切换操作试验，按试验容器的规格，分别以"个"为计量单位计算。试验容器的数量包括系统调试、检测和验收所消耗的试验容器的总数。试验介质不同时可以换算。

6.3.5　消防工程案例

6.3.5.1　工程基本概况

① 图6-14～图6-19为河北省某市某区××活动中心消火栓和自动喷水系统的部分图纸信息，消火栓和喷淋系统均采用热镀锌钢管，螺纹连接。DN100阀门为法兰连接。水流指示器为马鞍形连接。

② 消火栓系统采用SN65普通型消火栓（明装），19mm水枪一支，25m长衬里麻织水带一条。

③ 消防水管穿地下室外墙设刚性防水套管，穿墙和楼板时设一般钢套管。

④ 管道支架由角钢L50mm×5mm和角钢L40mm×4mm分别制作而成，合计重量76kg。

⑤ 施工完毕，整个系统应进行静水压力试验，系统工作压力消火栓为0.40MPa，喷淋系统为0.55MPa。试验压力消火栓系统为0.675MPa，喷淋系统为1.40MPa。

⑥ 图中标高均以米计，其他尺寸标注均以毫米计。

⑦ 本案例暂不计管道及支架刷油、保温等工作内容，阀门井内阀件暂不计。

⑧ 未尽事宜执行现行施工及验收规范的有关规定。

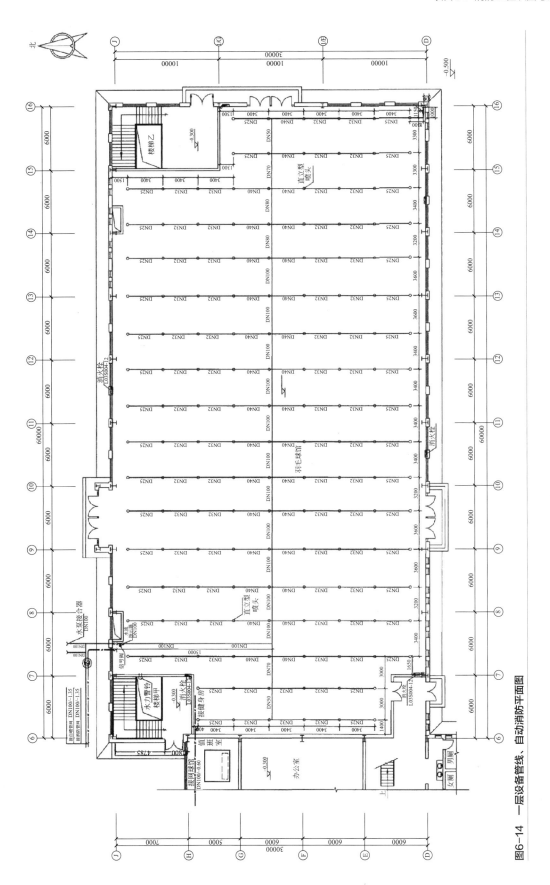

图6-14　一层设备管线、自动消防平面图

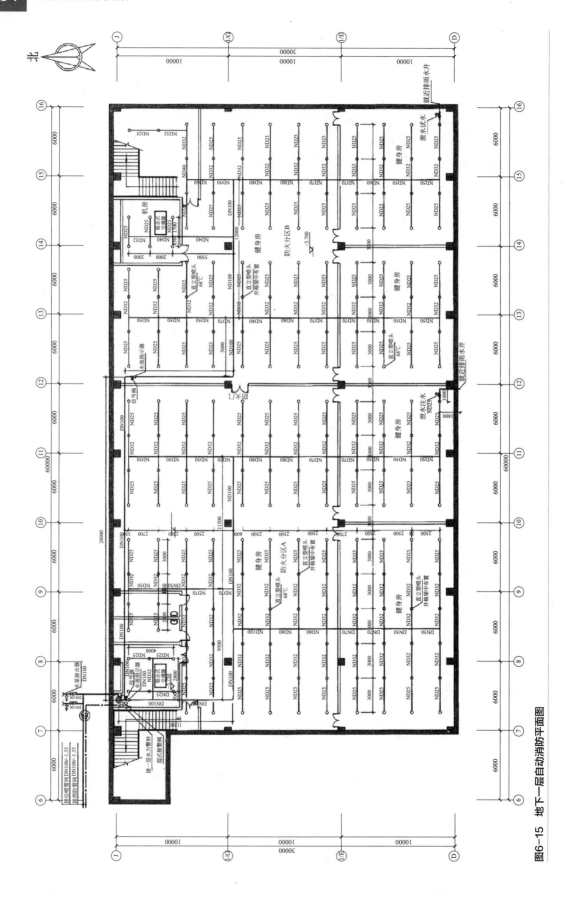

图6-15 地下一层自动消防平面图

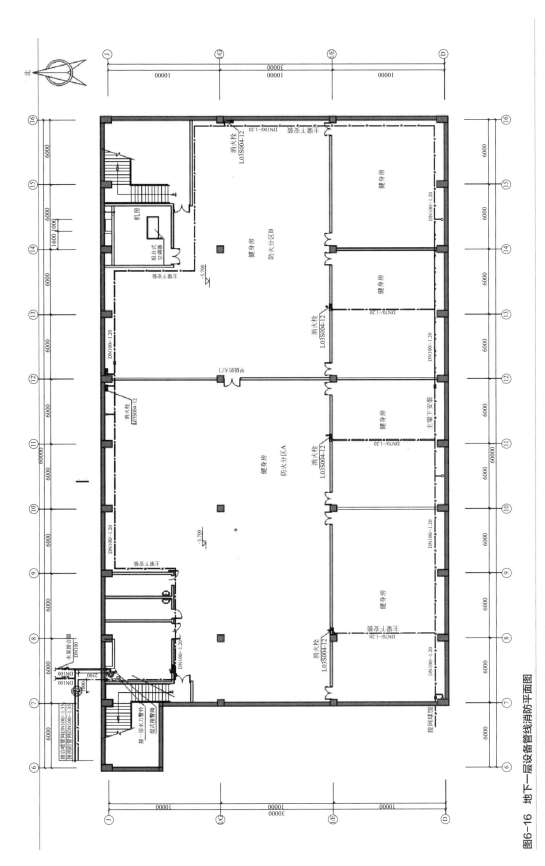

图6-16　地下一层设备管线消防平面图

（所有穿地下室外墙的进出水管均设刚性防水套管）

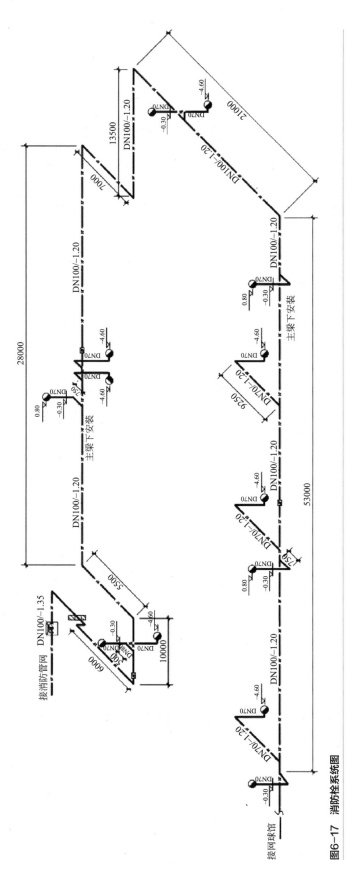

图6-17　消防栓系统图

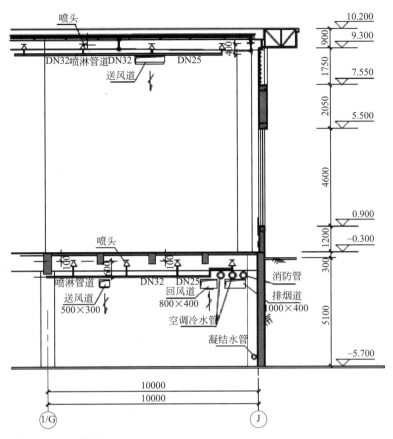

图6-18　D—D剖面图

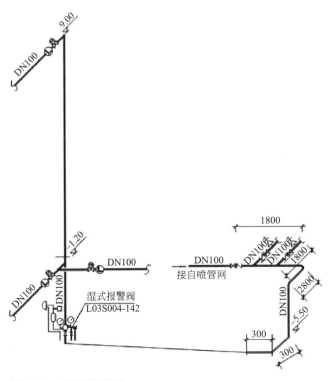

图6-19　自动喷淋系统图

6.3.5.2　工程量计算

消火栓工程及自动喷淋工程计算书详见表6-4。

表6-4　消防工程工程量计算书

序号	项目名称	单位	数量	计算过程
一	**消火栓系统**			
1	镀锌钢管螺纹连接 DN100	m	147.65	$1.0+2.5+[(-1.2)-(-1.35)]+6+10+5.5+28+7+13.5+21+53=147.65$
2	镀锌钢管螺纹连接 DN80	m	1.0	$0.5\times2=1.0$
3	镀锌钢管螺纹连接 DN70	m	68.05	$[0.8-(-4.6)]\times2+[0.8-(-1.2)+0.75]\times4+[0.75+(-1.2)-(-4.6)]\times$ $2+[9.25+(-1.2)-(-4.6)]\times3=68.05$
4	室内消火栓DN65	套	13	
5	法兰蝶阀DN100	个	3	
6	法兰闸阀DN100	个	1	
7	法兰止回阀DN100	个	1	
8	刚性防水套管DN100	个	1	
9	一般钢套管DN100	个	5	
10	一般钢套管DN65	个	6	
二	**自动喷淋系统**			
1	镀锌钢管螺纹连接 DN100 操作高度5m以下	m	113.7	负一层： $1.8+1.8\times2+2.8+(5.5-1.35)+0.3+0.3+(5+5.5)+11.2$ $+9.5+11.5+0.8+2.5+28+9.75+5+12=113.7$
2	镀锌钢管螺纹连接 DN80 操作高度5m以下	m	22.4	负一层： $2.5\times8+0.8\times3=22.4$
3	镀锌钢管螺纹连接 DN70 操作高度5m以下	m	28.7	负一层： $(2.7+2.5)\times4+1.8\times3+2.5=28.7$
4	镀锌钢管螺纹连接 DN50 操作高度5m以下	m	52.4	负一层： $2.5\times2+2.5+2.7+2.5\times3+2.5\times2+2.7+2.5\times3+2.5\times2+2.7+2.5\times3+1.8$ $+2.5=52.4$
5	镀锌钢管螺纹连接 DN40 操作高度5m以下	m	10.5	负一层： $5.5+2.0+3.0=10.5$
6	镀锌钢管螺纹连接 DN32 操作高度5m以下	m	207	负一层： $3\times3\times10+0.7+2.8+3.5\times2+3\times12+3\times12+3\times9+2.0+3.0+2.5=207$
7	镀锌钢管螺纹连接 DN25 操作高度5m以下	m	468.35	负一层： $3.0\times2\times10+4.0\times2+2.0\times2+3.0\times2+3.0\times2\times12\times2+3.0\times2\times9+3.0+2.7+$ $(0.85+1.7)\times3+1.0+1.8\times2+0.8\times218=468.35$
8	喷头无吊顶 DN25 操作高度5m以下	个	218	负一层
9	水流指示器 DN100	个	2	负一层
10	信号阀 DN100	个	2	负一层
11	水泵接合器DN100	套	2	负一层

序号	项目名称	单位	数量	计算过程
12	末端试水装置DN25	组	2	负一层
13	法兰闸阀DN100	个	1	
14	法兰止回阀 DN100	个	1	
15	湿式报警阀 DN100	组	1	负一层
16	镀锌钢管螺纹连接　DN100 操作高度5m以上	m	56.8	一层： （9-5）+15.0+3.4×5+3.2×2+3.6×4=56.8
17	镀锌钢管螺纹连接　DN80 操作高度5m以上	m	6.6	一层： 3.2+3.4=6.6
18	镀锌钢管螺纹连接　DN70 操作高度5m以上	m	6.3	一层： 3.0+3.3=6.3
19	镀锌钢管螺纹连接　DN50 操作高度5m以上	m	6.3	一层： 3.0+3.3=6.3
20	镀锌钢管螺纹连接　DN40 操作高度5m以上	m	102	一层： 3.4×2×14+3.4×2=102
21	镀锌钢管螺纹连接　DN32 操作高度5m以上	m	224.4	一层： 3.4×3×2+3.4×4×14+3.4×2×2=224.4
22	镀锌钢管螺纹连接　DN25 操作高度5m以上	m	183.9	一层： 3.4×2×2+3.4×2×16+0.4×150+1+0.5=183.9
23	喷头　DN25 操作高度5m以上	个	150	一层： 6×4+9×14=150
24	水流指示器　DN100 操作高度5m以上	个	1	一层
25	信号阀　DN100 操作高度5m以上	个	1	一层
26	末端试水装置　DN25 操作高度5m以上	组	1	一层
27	刚性防水套管DN100	个	1	负一层
28	一般钢套管DN100	个	6	负一层
29	一般钢套管DN70	个	4	负一层
30	一般钢套管DN50	个	1	负一层
31	一般钢套管DN40	个	1	负一层
32	一般钢套管DN32	个	2	负一层
33	一般钢套管DN25	个	2	负一层
34	型钢支架	kg	76	见工程概况

6.3.5.3　计算直接工程费

根据工程量套用《全国统一安装工程预算定额河北省消耗量定额》（2012）第七册规定，计算直接工程费，详见表6-5。

表6-5 单位工程预算表

工程名称：某活动中心消防工程

序号	定额编号	分部分项工程名称	单位	数量	单价/元 主材费	单价/元 基价	单价/元 其中 人工费	单价/元 其中 机械费	合价/元 主材费	合价/元 合价	合价/元 其中 人工费	合价/元 其中 机械费
		消火栓系统										
1	8-174	镀锌钢管螺纹连接 DN100 操作高度3.6m以上	10m	14.765	58×10.2	295.03+58×10.2	165.60	19.34	8734.97	13091.09	2445.08	285.56
2	8-976	操作高度增加费0.92%								25.12	25.12	
3	8-173	镀锌钢管螺纹连接 DN80	10m	0.1	45×10.2	247.54+45×10.2	151.80	4.50	45.90	70.65	15.18	0.45
4	8-172	镀锌钢管螺纹连接 DN70	10m	6.805	35×10.2	233.43+35×10.2	142.80	4.28	2429.39	4017.88	971.75	29.13
5	7-129	室内消火栓DN65	套	13	240	52.6+240	39	0.81	3120.00	3803.80	507.00	10.53
6	8-434	法兰蝶阀DN100	个	3	120×1	253.64+120×1	36.6	52.42	360.00	1120.92	109.80	157.26
7	8-434	法兰闸阀DN100	个	1	280×1	253.64+280×1	36.6	52.42	280.00	533.64	36.60	52.42
8	8-434	法兰止回阀DN100	个	1	300×1	253.64+300×1	36.6	52.42	300.00	553.64	36.60	52.42
9	6-3100	刚性防水套管制作 DN100	个	1	4×5.14	156.44+4×5.14	37.20	57.18	20.56	177.00	37.20	57.18
10	6-3116	刚性防水套管安装 DN100	个	1		128.66	40.80		0.00	128.66	40.80	0.00
11	6-3125	一般钢套管DN100	个	6	70×0.3	34.08+70×0.3	20.40	2.04	126.00	330.48	122.40	12.24
12	6-3125	一般钢套管DN70	个	4	45×0.3	34.08+45×0.3	20.40	2.04	54.00	190.32	81.60	8.16
13		消火栓系统小计							15470.82	24043.20	4429.14	665.34
		自动喷淋系统										
14	7-81	镀锌钢管螺纹连接DN100 操作高度5m以上	10m	5.68	58×10.2	414.09+58×10.2	193.80	10.22	3360.29	5712.32	1100.78	58.05
15	7-80	镀锌钢管螺纹连接 DN80 操作高度5m以上	10m	0.66	45×10.2	387.04+45×10.2	172.20	11.68	302.94	558.39	113.65	7.71
16	7-79	镀锌钢管螺纹连接 DN70 操作高度5m以上	10m	0.63	35×10.2	317.69+35×10.2	146.40	10.43	224.91	425.05	92.23	6.57
17	7-78	镀锌钢管螺纹连接 DN50 操作高度5m以上	10m	0.63	25×10.2	244.49+25×10.2	132.00	10.10	160.65	314.68	83.16	6.36

续表

序号	定额编号	分部分项工程名称	单位	数量	单价/元				合价/元			
					主材费	基价	其中		主材费	合价	其中	
							人工费	机械费			人工费	机械费
18	7-77	镀锌钢管螺纹连接 DN40 操作高度5m以上	10m	10.2	20×10.2	259.16+20×10.2	126.60	11.54	2080.80	4724.23	1291.32	117.71
19	7-76	镀锌钢管螺纹连接 DN32 操作高度5m以上	10m	22.44	15×10.2	172.06+15×10.2	111.60	7.51	3433.32	7294.35	2504.30	168.52
20	7-75	镀锌钢管螺纹连接 DN25 操作高度5m以上	10m	18.39	12×10.2	144.85+12×10.2	107.40	5.14	2250.94	4914.73	1975.09	94.52
21	7-98	喷头 DN25 操作高度5m以上	10个	15	20×10.1	156.6+20×10.1	94.20	7.46	3030.00	5379.00	1413.00	111.90
22	7-115	水流指示器 DN100 操作高度5m以上	个	1	30×1	203.51+30×1	105.00	3.54	30.00	233.51	105.00	3.54
23	7-115	信号阀 DN100 操作高度5m以上	个	1	200×1	203.51+200×1	105.00	3.54	200.00	403.51	105.00	3.54
24	7-126	末端试水装置DN25 操作高度5m以上	组	1	15×2.02	110.07+15×2.02	62.40	2.65	30.30	140.37	62.40	2.65
25		操作高度5m以上小计							15104.14	30100.13	8845.94	581.08
26	7-252	操作高度5m以上增加费0.96%				（8845.94+581.08）×0.96%				90.50	90.50	
27	7-81	镀锌钢管螺纹连接 DN100 操作高度5m以下	10m	11.37	58×10.2	414.09+58×10.2	193.80	10.22	6726.49	11434.70	2203.51	116.20
28	7-80	镀锌钢管螺纹连接 DN80 操作高度5m以下	10m	2.24	45×10.2	387.04+45×10.2	172.20	11.68	1028.16	1895.13	385.73	26.16
29	7-79	镀锌钢管螺纹连接 DN70 操作高度5m以下	10m	2.87	35×10.2	317.69+35×10.2	146.40	10.43	1024.59	1936.36	420.17	29.93
30	7-78	镀锌钢管螺纹连接 DN50 操作高度5m以下	10m	5.24	25×10.2	244.49+25×10.2	132.00	10.10	1336.20	2617.33	691.68	52.92
31	7-77	镀锌钢管螺纹连接 DN40 操作高度5m以下	10m	1.05	20×10.2	259.16+20×10.2	126.60	11.54	214.20	486.32	132.93	12.12
32	7-76	镀锌钢管螺纹连接 DN32 操作高度5m以下	10m	20.7	15×10.2	172.06+15×10.2	111.60	7.51	3167.10	6728.74	2310.12	155.46

续表

序号	定额编号	分部分项工程名称	单位	数量	单价/元 主材费	单价/元 基价	单价/元 其中 人工费	单价/元 其中 机械费	合价/元 主材费	合价/元 合价	合价/元 其中 人工费	合价/元 其中 机械费
33	7-75	镀锌钢管螺纹连接 DN25 操作高度 5m以下	10m	46.835	12×10.2	144.85+12×10.2	107.40	5.14	5732.60	12516.65	5030.08	240.73
34	7-98	喷头无吊顶 DN25	10个	21.8	20×10.1	156.6+20×10.1	94.20	7.46	4403.60	7817.48	2053.56	162.63
35	7-115	水流指示器 DN100	个	2	30×1	203.51+30×1	105.00	3.54	60.00	467.02	210.00	7.08
36	7-115	信号阀 DN100	个	2	200×1	203.51+200×1	105.00	3.54	400.00	807.02	210.00	7.08
37	7-142	水泵接合器 DN100	套	2	1300×1	203.44+1300×1	1369.60	18.03	2600.00	3006.88	2739.20	36.06
38	7-126	末端试水装置DN25	组	2	15×2.02	110.07+15×2.02	62.40	2.65	60.60	280.74	124.80	5.30
39	6-1413	法兰闸阀DN100	个	1	280	63.46+280	45.60	11.32	280.00	343.46	45.60	11.32
40	6-1413	法兰止回阀 DN100	个	1	300	63.46+300	45.60	11.32	300.00	363.46	45.60	11.32
41	7-104	湿式报警阀 DN100	组	1	470+12×2	763.78+470+12×2	275.40	64.98	494.00	1257.78	275.40	64.98
42	6-1652	法兰DN100	副	2	12×2	43.27+12×2	40.20	1.14	48.00	134.54	80.40	2.28
43	6-3002	型钢支架	100kg	0.76	3.5×106	848.54+3.5×106	445.20	331.71	48.00	134.54	80.40	2.28
44	6-3100	刚性防水套管制作 DN100	个	1	4×5.14	156.44+4×5.14	37.20	57.18	281.96	926.85	338.35	252.10
45	6-3116	刚性防水套管安装 DN100	个	1		128.66	40.80		20.56	177.00	37.20	57.18
46	6-3125	一般钢套管DN100	个	6	70×0.3	34.08+70×0.3	20.40	2.04	0.00	128.66	40.80	0.00
47	6-3125	一般钢套管DN70	个	4	45×0.3	34.08+45×0.3	20.40	2.04	126.00	330.48	122.40	12.24
48	6-3124	一般钢套管DN50	个	1	35×0.3	13.63+35×0.3	6.60	2.04	54.00	190.32	81.60	8.16
49	6-3124	一般钢套管DN40	个	1	25×0.3	13.63+25×0.3	6.60	2.04	10.50	24.13	6.60	2.04
50	6-3124	一般钢套管DN32	个	2	20×0.3	13.63+20×0.3	6.60	2.04	7.50	21.13	6.60	2.04
51	6-3124	一般钢套管DN25	个	2	15×0.3	13.63+15×0.3	6.60	2.04	12.00	39.26	13.20	4.08
		自动喷淋系统小计							43501.21	84158.33	26555.16	1864.58
		消火栓系统小计							15470.82	24043.20	4429.14	665.34
		消防系统直接工程费合计							58972.03	108201.53	30984.30	2529.92

能力训练题

一、单选题

1. 消火栓应每层设置，栓口距离地面（　　）m，出水方向宜向下或与设置消火栓的墙面成90°角。
   A. 0.8　　　　　　　　　　　　B. 1.0
   C. 1.1　　　　　　　　　　　　D. 1.5

2. 设有室内消火栓的建筑，若为平屋顶时宜在平屋顶上设置试验和检查用的（　　）。
   A. 消火栓　　　　　　　　　　B. 喷头
   C. 阀门　　　　　　　　　　　D. 灭火器

3. 同一建筑物内应采用统一规格的消火栓、水枪和水带，以方便使用。每条水带的长度不应大于（　　）m。
   A. 15　　　　　　　　　　　　B. 20
   C. 25　　　　　　　　　　　　D. 30

4. 室内消火栓系统安装完成后应取（　　）和屋顶（或水箱间内）试验两处消火栓做试射试验。
   A. 首层　　　　　　　　　　　B. 二层
   C. 中间层　　　　　　　　　　D. 顶层

5. 湿式自动喷水灭火系统是由湿式报警阀组、闭式喷头、水流指示器、报警装置、末端试水装置、管道和供水设施等组成。该系统在准工作状态时报警阀前后的管道内始终充满（　　），故称湿式自动喷水灭火系统。
   A. 压力水　　　　　　　　　　B. 压缩空气
   C. 无压力水　　　　　　　　　D. 任意流体

6.《全国统一安装工程预算定额河北省消耗量定额》（2012）第七册规定，消火栓管道、阀门、管道支架及钢套管的制作安装，室外给水管道安装及水箱制作安装，执行第（　　）册《给排水、采暖、燃气工程》相应项目。
   A. 六　　　　　　　　　　　　B. 七
   C. 八　　　　　　　　　　　　D. 九

7. 室内消火栓安装定额不包括（　　）。
   A. 消火栓箱　　　　　　　　　B. 水枪
   C. 水龙带　　　　　　　　　　D. 蝶阀

8. 湿式自动喷水灭火系统适用于室温在（　　）能用水灭火的建筑物内。
   A. 4～70℃　　　　　　　　　B. 小于4℃
   C. 大于70℃　　　　　　　　　D. 任意环境

9. 充实水柱是指靠近水枪的一段密集不分散的射流。充实水柱长度是直流水枪灭火时的有效射程，是水枪射流中在26～38mm直径圆断面内、包含全部水量（　　）的密实水柱长度。
   A. 20%～30%　　　　　　　　B. 30%～40%

C. 50%～60%   D. 75%～90%

二、多选题

1. 水泵接合器由本体、弯管、闸阀、止回阀、泄水阀及安全阀等组成，分为（   ）。
   A. 地上式   B. 地下式
   C. 墙壁式   D. 综合式

2. 水幕系统，也称水幕灭火系统，是由水幕喷头、雨淋报警阀组或感温雨淋阀、供水与配水管道、控制阀及水流报警装置等组成的，主要起（   ）的作用。
   A. 阻火   B. 冷却
   C. 隔离   D. 灭火

三、判断题

1. 室内消火栓组合卷盘安装，执行室内消火栓安装项目乘以系数 1.2。（   ）
2. 消防水箱应储存 5min 的消防用水量。（   ）
3. 喷头在安装时，应使用专用扳手，严禁利用喷头的框架施拧。（   ）
4. 对于 7～9 层单元式住宅，可设置一条进水管；超过 10 个消火栓，应设置两条进水管，并与室外环状管网连接，室内管道亦连接成环状。（   ）
5. 建筑高度小于或等于 24m 且体积小于或等于 5000m³ 的库房，可采用 1 支水枪充实水柱到达室内任何部位。（   ）
6. 消防卷盘是由阀门、软管、卷盘、喷枪等组成的，是能够在展开卷盘的过程中喷水灭火的设施，必须与消火栓一起设置。（   ）
7. 室内消火栓宜布置在各层明显、易于取用和经常有人出入的地方，如楼梯间、走廊、大厅、电梯的前室等处。（   ）
8. 干式系统主要由闭式喷头、管网、干式报警阀、充气设备、报警装置和供水设备组成，适用于环境温度低于 4℃（或年采暖期超过 240 天的不采暖房间）和高于 70℃的建筑物及场所。（   ）
9. 水喷雾灭火系统具有适用范围广的优点，可以提高扑灭固体火灾的灭火效率，同时由于水雾具有不会造成液体飞溅、电气绝缘性好的特点，可用于扑救固体火灾、闪点温度高于 60℃的液体或电气火灾、可燃气体火灾等。（   ）
10. 喷头在安装时，应使用专用扳手，严禁利用喷头的框架施拧。（   ）

四、工程实例实操

工程概况：
① 本工程为某市高铁站东配楼，建筑面积 3630.39m²，建筑高度为 9.90m。
② 本建筑室内消火栓给水管网成环状布置，消火栓给水系统入口压力为 0.5MPa。
③ 消火栓选用 SN65，配 25.0m 衬胶水龙带、30m 消防软管卷盘及 φ19mm 水枪一支。消火栓栓口距地面高度为 1.1m。每个消火栓箱内设置消防按钮并设置保护设施，消防报警信号传至消防控制室及水泵房。试验消火栓设置于二层走廊内。

④ 消火栓给水管采用热浸镀锌钢管，卡箍连接；自动喷水给水管采用内外壁热镀锌钢管，DN>80mm 卡箍连接，DN≤80mm 螺纹连接。

⑤ 消火栓管道刷银粉漆二道。

⑥ 其他未尽事宜详见本书配套电子资源。

任务要求：

① 根据图纸计算工程管道工程量。

② 根据《全国统一安装工程预算定额河北省消耗量定额》（2012）第七册、第八册，计算直接工程费。

工业管道工程识图与计价

知识目标

1. 了解工业管道工程识图基础知识；

2. 熟悉《全国统一安装工程预算定额河北省消耗量定额》（2012）第六册《工业管道工程》定额内容及使用注意事项；

3. 掌握工业管道工程量计算规则。

技能目标

1. 能够熟练识读工业管道施工图；

2. 能够根据工程量计算规则计算工业管道工程量；

3. 能够熟练使用定额套价计算直接工程费，进而计算工程造价。

情感目标

通过分组练习识图、图纸会审、计算工程量、套价计算，让每个学生充分融入学习情境中，提高学生的学习兴趣。通过多方位合作，培养学生们团结协作、互助友爱的精神，形成正确的世界观、价值观和人生观。

7.1 工业管道工程基础知识

7.1.1 工业管道的定义

工业管道是工矿企业、事业单位为生产制作各种产品过程所需工艺管道、公用工程管道及其他辅助管道。工业管道广泛应用于工矿企业、事业单位等各行各业中，分布于城、乡各个地域。工业管道是压力管道中工艺流程种类最多、生产制作环境状态变化最为复杂、输送的介质品种较多与条件均较苛刻的压力管道。图7-1为某乳业公司工业管道。

图7-1　某乳业公司工业管道

二维码25　工业管道
基础知识

7.1.2　工业管道工程常用管材

工业管道工程所需的各种管材、阀门、法兰和管件等，绝大多数价格都比较高，它们都以主材的形式计入安装工程直接费，在整个安装工程费用中占很大比例。

工业管道工程常用管材有金属管材、非金属管材和复合管材。

金属管材主要有无缝钢管、焊接钢管、不锈钢管、合金钢管以及有色金属管、生产用铸铁管、承插铸铁管、法兰铸铁管、钢板卷管等；非金属管材主要有塑料管、玻璃钢管、橡胶管、混凝土管和陶瓷管等；复合管材有铝塑复合管和钢塑复合管等。

无缝钢管使用较多，无缝钢管一般用"外径 × 壁厚"来表示，如 $D159 \times 4.5$ 或 $\phi159 \times 4.5$ 表示无缝钢管外径为 159mm，管子壁厚为 4.5mm。

7.1.3　工业管道常用管件

工业管道管件主要包括弯头（含冲压弯头、煨制弯头、焊接弯头）、三通、四通、异径管（又称大小头）、管接头、管帽、仪表凸台、焊接盲板等，如图 7-2 所示。

（1）弯头　按制造方法可分为：冲压弯头、煨制弯头、焊接弯头。

① 冲压弯头：直径 <200mm，直接用无缝钢管压制，一次成形，不需焊接。

② 煨制弯头：用管材直接煨制而成，一般用于小口径或弯曲半径没有要求的管道。

③ 焊接弯头：用钢板卷制或用钢管焊接制成。

（2）异径管（大小头）　异径管是将大口径管的一端加热到红热状态，用锤砸，使其口径缩小，成为一头大一头小的管件，俗称"大小头"。有时两端口径差异太大，就把大口径管的一端先割去几条三角形片，然后再加热到红热状态，用锤砸，使其割去

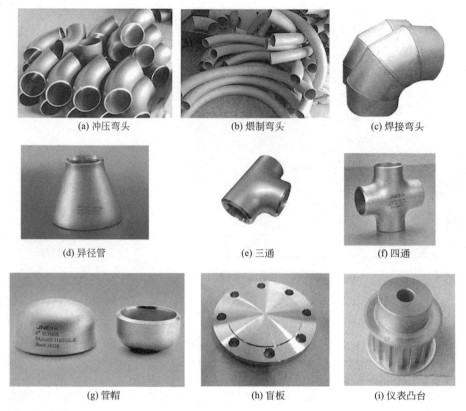

(a) 冲压弯头　　(b) 煨制弯头　　(c) 焊接弯头

(d) 异径管　　(e) 三通　　(f) 四通

(g) 管帽　　(h) 盲板　　(i) 仪表凸台

图7-2　管件

的缺口再靠到一起形成接缝，并将形成的小端口整圆，最后将接缝焊好。大小头又分为同心大小头和偏心大小头，如图 7-3 所示。

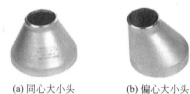

(a) 同心大小头　　(b) 偏心大小头

图7-3　大小头

（3）主管挖眼三通　主管挖眼三通，就是直接在主干管上挖个洞接上分支管。

7.1.4　法兰、垫片及螺栓

法兰连接就是把两个管道、管件或设备，先各自固定在一个法兰盘上，然后在两个法兰盘之间加上法兰垫，最后用螺栓将两个法兰盘拉紧使其紧密结合起来的一种可拆卸的接头，如图 7-4 所示。

(a) 管道之间的法兰连接

(b) 管道与阀门法兰连接

图7-4　法兰连接

7.1.4.1　法兰的种类

法兰的种类有很多，按法兰与管道的固定方式分为平焊法兰、对焊法兰、松套法兰和螺纹法兰；按密封面形式，可分为光滑式、凹凸式、榫槽式、透镜式和梯形槽式；按材质分为铸铁法兰、铸钢法兰和耐酸钢法兰，如图 7-5 所示。

(a) 承插法兰　　(b) 对焊法兰　　(c) 法兰盖

(d) 刚直管法兰盖　　(e) 螺纹法兰　　(f) 平焊法兰

(g) 平焊钢制管法兰　　(h) 松套法兰　　(i) 碳钢法兰

图7-5　法兰

7.1.4.2　法兰垫片

法兰垫片用于管道法兰连接中，为两片法兰之间的密封件。法兰垫片种类较多，常用的有橡胶石棉垫片、橡胶垫片、塑料垫片等，如图 7-6 所示。

| (a) 橡胶石棉垫片 | (b) 橡胶垫片 | (c) 塑料垫片 |

图7-6　法兰垫片

7.1.4.3　螺栓螺母

螺栓是由头部和螺杆（带有外螺纹的圆柱体）两部分组成的一类紧固件，需与螺母配合，用于紧固连接两个带有通孔的零件，如图 7-7 所示。

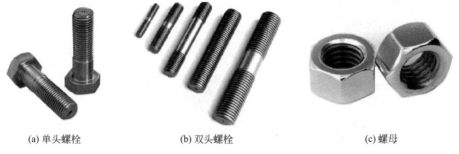

| (a) 单头螺栓 | (b) 双头螺栓 | (c) 螺母 |

图7-7　螺栓螺母

7.1.5　管道压力试验

在一个工程项目中，某个系统的工艺管道安装完毕以后，就要按设计规定对管道进行系统强度试验和气密性试验，其目的是检查管道承受压力情况和各个连接部位的严密性。管道压力试验可分为液压试验（用于输送液体介质的管道，常用水压试验）和气压试验（用于输送气体介质的管道）两种。

7.1.6　管道吹扫与清洗

管道安装完后，清除管内遗留物的方法一般是用压缩空气吹除或水冲洗，统称为吹洗。常用方法有水冲洗、空气吹扫、蒸汽吹扫、油清洗（适用于大型机械的润滑油、密封油等油管道系统的清洗）、管道脱脂（除掉管内的油迹）等。

7.1.7　焊口的热处理

焊口热处理包括焊前预热和焊后加热，是为了降低焊缝的冷却速度，防止接头生成淬硬组织，产生冷裂纹的一种工艺手段。

7.1.8　无损探伤

无损探伤是在不损伤被测材料的情况下，检查材料的内在或表面缺陷，或测定材料的某些物理量、性能、组织状态等的检测技术。其广泛用于金属材料、非金属材料、复合材料及其制品以及一些电子元器件的检测。常用的无损检测技术有射线探伤、超声检测、声发射检测、渗透探伤、磁粉探伤等。相关仪器如图 7-8 所示。

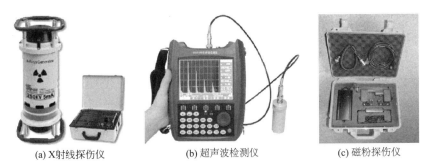

(a) X射线探伤仪　　　　(b) 超声波检测仪　　　　(c) 磁粉探伤仪

图7-8　常用无损探伤仪器

7.2　工业管道识图

7.2.1　管道表示方法

① 管道在平面图上重叠的表示方法，如图 7-9 所示。

二维码26　工业管道图示画法

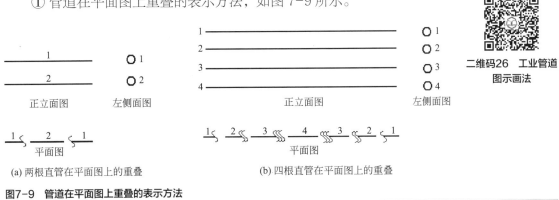

(a) 两根直管在平面图上的重叠　　　　(b) 四根直管在平面图上的重叠

图7-9　管道在平面图上重叠的表示方法

② 管道在立面图上重叠的表示方法，如图 7-10 所示。

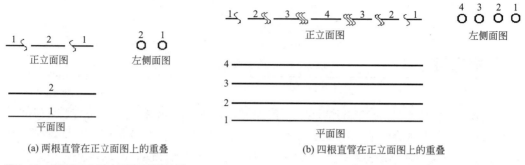

图7-10　管道在立面图上重叠的表示方法

③ 管道交叉的表示方法，如图 7-11 所示。

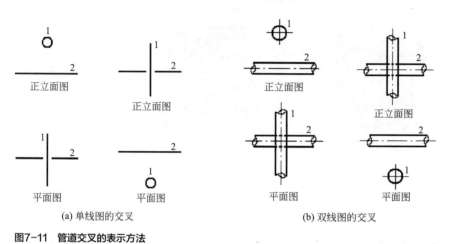

图7-11　管道交叉的表示方法

7.2.2　管件单线图的表示方法

弯头、三通、大小头等常用管件单线图表示方法，如图 7-12 所示。

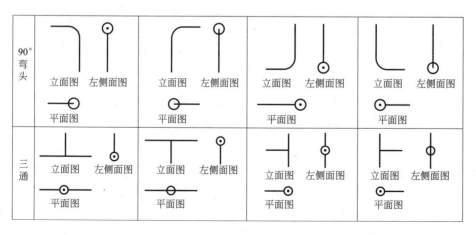

图7-12　工业管道管件单线图的表示方法

7.2.3　阀门的表示方法

阀门单线图的表示方法，如图 7-13 所示。

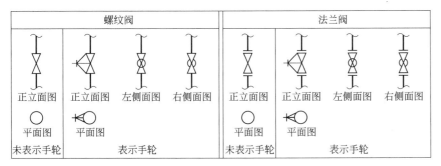

图7-13　阀门单线图的表示方法

7.3　工业管道工程量计量与计价

7.3.1　定额内容

工业管道工程使用《全国统一安装工程预算定额河北省消耗量定额》(2012)第六册《工业管道工程》。

7.3.2　使用定额注意事项

7.3.2.1　定额的适用范围

第六册《工业管道工程》适用于新建、扩建项目中厂区范围内的车间、装置、站、罐区及相互之间各种生产介质输送管道，厂区第一个连接点以内的生产用（包括生产与生活共用）给水、排水、蒸汽、煤气输送管道安装工程。其中给水以入口水表井为界；排水以厂区墙外第一个污水井为界；蒸汽和煤气以入口第一个计量表（阀门）为界；锅炉房、水泵房以墙皮为界，且设计压力不大于 42MPa、设计温度不超过材料允许使用温度的工业金属管道工程。

7.3.2.2　管道压力等级划分

低压：$0 < p \leqslant 1.6\text{MPa}$；
中压：$1.6\text{MPa} < p \leqslant 10\text{MPa}$；
高压：$10\text{MPa} < p \leqslant 42\text{MPa}$。
蒸汽管道：$p \geqslant 9\text{MPa}$，工作温度 $\geqslant 500℃$时为高压。

7.3.3　工业管道工程量计算规则

7.3.3.1　管道安装

（1）定额说明
① 碳钢管适用于焊接钢管、无缝钢管、16Mn 钢管；铜管适用于紫铜、黄铜、青铜管。
② 本章包括直管安装全部工序内容，不包括管件的管口连接工序，管件安装执行第六册第二章项目。
③ 管道和安装支架的喷砂除锈、刷油、绝热、防腐蚀、衬里等执行第十一册《刷油、防腐蚀、绝热工程》相应项目。
④ 地沟和埋地管道的土石方及砌筑工程执行《全国统一建筑工程基础定额河北省消耗量定额》相应项目。
⑤ 车间内整体封闭式地沟管道，其人工和机械乘以系数 1.2（管道安装后盖板封闭地沟除外）。
（2）工程量计算规则
① 管道安装按压力等级、材质、连接形式分别列项，以"10m"为计量单位计。
② 各种管道安装工程量，均按设计管道中心长度，以延长米计算，不扣除阀门及各种管件所占长度；主材应按定额中的用量计算；装置内界区主管廊和外管廊按施工图用量加规定的损耗量计算主材用量。

7.3.3.2　管件安装

（1）定额说明
① 现场加工的各种管道，在主管上挖眼接管三通、揣制异径管，均应按不同压力、材质、规格，以主管径执行管件连接相应项目，不另计制作费和主材费。
② 挖眼接管三通，支线管径小于主管径 1/2 时，不计算管件工程量；在主管上挖眼焊接管接头、凸台等配件，按配件管径计算管件工程量。

③ 管件用法兰连接时，执行法兰安装相应项目，管件本身安装不再计算安装费。

④ 全加热套管的外套管件安装是按两半管件考虑的，包括两道纵缝和两道环缝。两半封闭短管可执行两半弯头项目。

⑤ 半加热外套管摔口后焊在内套管上，每个焊口按一个管件计算。

外套碳钢管如焊在不锈钢管内套管上时，焊口间需加不锈钢短管衬垫，每处焊口按两个管件计算，衬垫短管按设计长度计算，如设计无规定时，可按 50mm 长度计算。

⑥ 在管道上安装的仪表一次部件，执行管件连接相应项目乘以系数 0.7；仪表的温度计扩大管制作安装，执行管件连接项目乘以系数 1.5，工程量按大口径计算。

⑦ 钢制四通安装套用管件连接子目乘以系数 1.4。

⑧ 焊接盲板执行管件连接相应项目定额乘以系数 0.6，且计主材费；焊接管帽（椭圆形管封头）直接套用管件连接定额项目，不需调整，如图 7-14 所示。

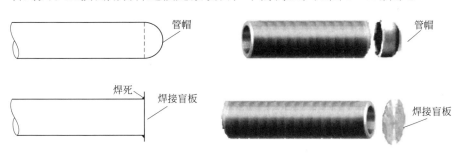

图7-14　关于管帽、焊接盲板的计算

注意：① 焊接盲板执行管件连接相应项目定额乘以系数0.6，且计主材费；
　　　② 焊接管帽（椭圆形管封头）直接套用管件连接定额项目，不需调整。

（2）工程量计算规则

① 各种管件连接均按压力等级、材质、焊接连接形式，不分种类，以"10个"为计算单位。

② 管件连接已综合考虑了弯头、三通、异径管、管帽、管接头等管口含量的差异，应按设计图纸用量，执行相应项目。

7.3.3.3　阀门安装

（1）定额说明

① 阀门安装包括低、中、高压管道上的各种阀门安装，也适用于螺纹连接、焊接（对焊、承插焊）或法兰连接形式的减压阀、疏水阀、除污器、阻火器、窥视镜等的安装，如图 7-15 所示。

(a) 阻火器　　　　　　　　　　(b) 窥视镜

图7-15　阻火器与窥视镜

② 阀门安装项目综合考虑了壳体压力试验、解体研磨工作内容。

③ 高压对焊阀门是按碳钢焊接考虑的，如设计要求其他材质，其电焊条价格可换算，其他不变。本项目不包括壳体压力试验、解体研磨工序，发生时应另行计算。

④ 安全阀门包括壳体压力试验及调试内容。

⑤ 热熔连接阀门项目适用于通过塑料短管与管道直接热熔连接的阀门。

⑥ 中压螺纹阀门安装执行低压相应项目，人工乘以系数 1.2。

⑦ 电动阀门安装包括电动机的安装。检查接线工程量应另行计算。

⑧ 各种法兰阀门安装，项目中只包括一个垫片和一副法兰用的螺栓的安装费用。

⑨ 直接安装在管道上的仪表流量计，执行"阀门安装"相应项目乘以系数 0.7。

⑩ 阀门安装不包括阀体磁粉探伤、密封做气密性试验、阀杆密封填料的更换等特殊要求的工作内容。

（2）工程量计算规则

① 各种阀门按不同压力、连接形式，不分种类以"个"为计量单位计算，按设计图纸规定的压力等级执行相应项目。

② 各种法兰阀门安装与配套法兰的安装，应分别计算工程量；阀门安装中螺栓材料量按施工图设计用量加规定的损耗量计算。

③ 减压阀直径按高压侧计算。

7.3.3.4 法兰安装

（1）定额说明

① 各种法兰安装，项目中只包括一个垫片和一副法兰用的螺栓的安装费用。

② 法兰包括低、中、高压管道、管件、法兰阀门上的各种法兰安装。

③ 中压螺纹法兰、中压平焊法兰安装，按低压螺纹法兰、低压平焊法兰项目乘以系数 1.2，螺栓规格数量按实调整。

④ 用法兰连接的管道安装，管道与法兰分别计算工程量，执行相应项目。

⑤ 配法兰的盲板只计算主材费，安装费已包括在单片法兰安装中，如图 7-16 所示。

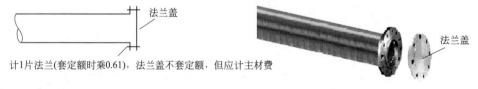

计1片法兰(套定额时乘0.61)，法兰盖不套定额，但应计主材费

图7-16 关于法兰盖的计算

⑥ 法兰安装以"片"为单位计算时，执行法兰安装定额乘以系数 0.61，螺栓数量不变，如图 7-17 所示。

（2）工程量计算规则

① 低、中、高压管道、管件、法兰、阀门上的各种法兰安装，应按不同压力、材质、规格和种类，分别以"副"为计量单位计算。按设计图纸规定的压力等级执行相应项目。

② 各种法兰安装，项目中只包括一个垫片和一副法兰用的螺栓，透镜垫、螺栓本身价值应另行计算，其中螺栓按实际用量加损耗计算。

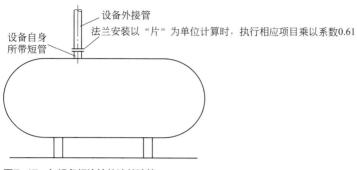

图7-17 与设备相连接的法兰计算

7.3.3.5 管道压力试验、吹扫与清洗

（1）定额说明

① 各项目中均包括了管道试压、吹扫与清洗所用的摊销材料，不包括管道之间的串通临时管以及管道排放口至排放点的临时管。

② 管道液压试验是按普通水考虑的，如试压介质有特殊要求，介质可按实调整。

③ 液压试验和气压试验已包括强度试验和严密性试验工作内容。

④ 管道系统清洗项目按系统循环清洗考虑。

（2）工程量计算规则

① 管道压力试验、吹扫与清洗，按不同的压力、规格，不分材质以"100m"为计量单位计算。

② 各项目内均已包括临时用空压机和水泵作动力进行试压、吹扫、清洗管道连接的临时管线、盲板、阀门、螺栓等材料摊销量；不包括管道之间的串通临时管口及管道排放口至排放点的临时管，其工程量应按施工方案另行计算。

③ 泄漏性试验适用于输送剧毒、有毒及可燃介质的管道，按压力、规格，不分材质以"100m"为计量单位计算。

7.3.3.6 无损探伤与焊口热处理

（1）定额说明

① 无损探伤，适用于工业管道焊缝及母材的无损探伤。

② 计算X光、γ射线探伤工程量时，按管材的双壁厚执行相应项目。

③ 管道焊缝采用超声波无损探伤时，其检测范围内的打磨工程量按展开长度计算。

④ 预热与热处理，适用于碳钢、低合金钢和中高合金钢各种施工方法的焊前预热或焊后热处理。

⑤ 电加热片或电感应预热中，如要求焊后立即进行热处理，焊前预热项目人工应乘以系数0.87。

（2）工程量计算规则

① 管材表面磁粉探伤和超声波探伤，不分材质、壁厚以"10m"为计量单位计算。

② 焊缝X光、γ射线探伤，按管壁厚不分规格、材质，以"10张"为计量单位计算。

③ 焊缝超声波、磁粉及渗透探伤，按规格不分材质、壁厚，以"10 口"为计量单位计算。

④ 管道焊缝应按照设计要求的检验方法和数量进行无损探伤。当设计无规定时，管道焊缝的射线照相检验比例应符合规范规定。管口射线片子数量按现场实际拍片张数计算。

⑤ 焊前预热和焊后热处理，按不同材质、规格及施工方法以"10 口"为计量单位计算。

7.3.3.7　其他

（1）定额说明

① 一般管架制作安装项目按单件重量列项，并包括所需螺栓、螺母本身的价格。

② 除木垫式、弹簧式管架外，其他类型管架均执行一般管架项目。

③ 木垫式管架不包括木垫重量，但木垫的安装工料已包括在项目内。

④ 弹簧式管架制作，不包括弹簧价值，其价值应另行计算。

⑤ 有色金属管、非金属管的管架制作安装，按一般管架项目乘以系数 1.10。

⑥ 采用成型钢管焊接的异形管架制作安装，按一般管架项目乘以系数 1.30，其中不锈钢用焊条可作调整。

⑦ 冷排管制作与安装项目中，已包括煨弯、组对、焊接、钢带的轧绞、绕片，但不包括钢带退火和冲、套翅片，管架制作与安装可按所列项目计算，冲、套翅片可根据实际情况另行计算。

⑧ 分汽缸、空气分气筒的安装，不包括附件安装，其附件可执行相应项目。

⑨ 空气调节器喷雾管安装，按《采暖通风国家标准图》以六种形式分列，可按不同型式以组分别计算。

⑩ 钢塑过渡接头安装（法兰连接）包括钢法兰、钢法兰盘、PP-R 法兰连接件，以钢管管径计算。

（2）工程量计算规则

① 一般管架制作安装按重量计算，以"100kg"为计量单位，适用于单件重量在 100kg 以内的管架制作安装；单件重量大于 100kg 的管架制作安装应按有关规定另行计算。

② 冷排管制作与安装按设计管道中心长度，以延长米计算，以"100m"为计量单位。

③ 套管制作与安装，按不同规格，分一般穿墙套管和柔、刚性套管，按主管直径分列项目，以"个"为计量单位计算，所需的钢管和钢板已包括在制作定额内，执行时应按设计及规范要求选用项目。

④ 管道焊接焊口充氩保护适用于各种材质氩弧焊接或氩电联焊焊接方法的项目，按不同的规格和充氩部位，部分材质以"10 口"为计量单位计算，执行时按设计及规范要求选用项目。

⑤ 钢塑过渡接头安装（法兰连接），以"个"为计量单位计算，定额中包括一个垫片和一副法兰用的螺栓，螺栓本身价值应另行计算，其中螺栓按实际用量加损耗计算。

7.3.4　工业管道案例

7.3.4.1　案例一

（1）工程概况　某部分工业管道如图 7-18 所示，管道采用无缝钢管，电弧焊连接，$p=1.6\text{MPa}$，法兰为碳钢平焊法兰，管件采用成品弯头，现场摔制大小头，设备 S04 前的三通为挖眼三通，其余的均为成品三通。系统安装完毕后进行水压试验和压缩空气吹扫，本工程不进行无损探伤，试计算工程量。

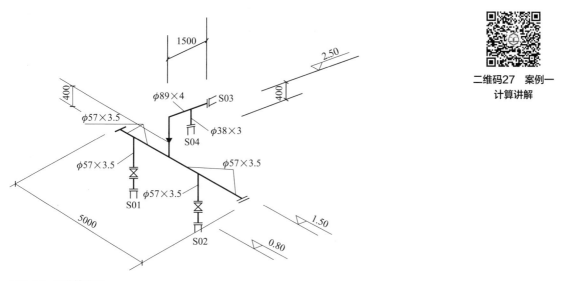

二维码27　案例一
计算讲解

图7-18　工业管道图

（2）工程量计算　工程量计算过程见表 7-1。

表 7-1　工程量计算表

序号	项目名称	单位	数量	计算过程
一	管道安装			
1	$\phi89\times4$	m	1.9	$1.5+(2.5-1.5)\times0.4=1.9$
2	$\phi57\times3.5$	m	6.8	$5+(1.5-0.8)\times2+0.4=6.8$
3	$\phi38\times3$	m	0.4	0.4
二	管件安装			
4	成品弯头DN80	个	1	
5	挖眼三通DN80×32	个	1	不计入工程量
6	现场摔制大小头DN80×50	个	1	
7	成品三通DN50×50	个	3	
8	焊接盲板DN50	个	1	

续表

序号	项目名称	单位	数量	计算过程
三	阀门安装			
9	法兰阀门DN50	个	2	
四	法兰安装			
10	碳钢平焊法兰DN80	片	1	
11	碳钢平焊法兰DN50	副	2	
12	碳钢平焊法兰DN50	片	3	
13	碳钢平焊法兰DN32	片	1	
14	法兰盖DN50	个	1	只计主材费
五	系统压力试验和空气吹扫			
15	公称直径50mm以内	m	7.5	7.1+0.4=7.5
16	公称直径100mm以内	m	1.9	

7.3.4.2 案例二

（1）工程概况　图 7-19、图 7-20 为某工程生产装置的部分工艺管道平面图与 *A—A* 剖面图。

二维码28　案例二
计算讲解

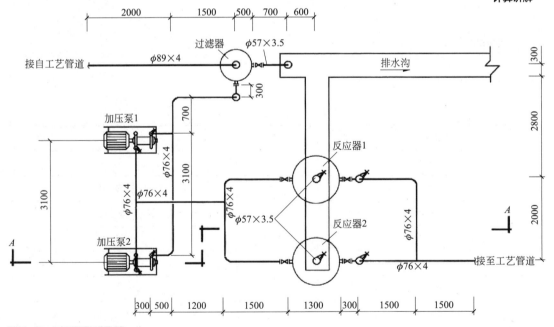

图7-19　工艺管道平面图

① 管道均采用 20# 碳钢无缝钢管，弯头采用成品压制弯头，三通为现场挖眼三通，管道系统的焊接均为氩电联焊。该管道系统工作压力为 1.6MPa。图中标高以米计，其余均以毫米计。

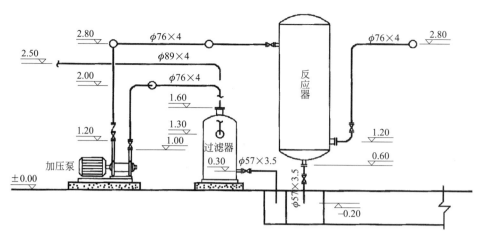

图7-20　工艺管道A—A剖面图

② 所有法兰为碳钢对焊法兰，采用氩电联焊。阀门型号：止回阀为 H41T-16，截止阀为 J41H-16，采用对焊法兰连接。

③ 管道支架为普通支架，共耗用钢材 45kg，其中施工损耗为 6%。

④ 管道安装完毕后，均进行水压试验和压缩空气吹扫。

⑤ 管道、支架除锈后刷红丹防锈漆、调和漆各两遍。

（2）任务要求

① 认真识读工程图，绘制出工艺管道系统图（轴测图）。

② 计算工艺管道工程量，并根据《全国统一安装工程预算定额河北省消耗量定额》（2012）计算直接工程费。

（3）系统图绘制及工程量计算

① 系统图绘制，如图 7-21 所示。

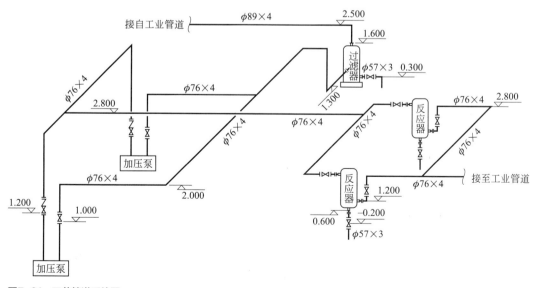

图7-21　工艺管道系统图

② 工程量计算，见表 7-2。

表7-2   工程量计算表

序号	项目名称	单位	数量	计算过程
一	管道安装			
1	热轧无缝钢管氩电联焊D89×4	m	4.4	2.0+1.5+（2.5-1.6）=4.4
2	热轧无缝钢管氩电联焊D76×4	m	32.9	0.3+（2-1.3）+1.5+0.7+3.1+0.5×2+（2.0-1.0）×2+（2.8-1.2）×2+3.1+0.3+0.5+1.2+2+1.5×2+（0.3+1.5）×2+（2.8-1.2）×2+2+1.5=32.9
3	热轧无缝钢管氩电联焊D57×3.5	m	2.8	0.7+（0.3+0.2）+（0.6+0.2）×2=2.8
二	管件安装			
4	成品弯头DN80	个	1	
5	成品弯头DN70	个	15	
6	成品弯头DN50	个	1	
7	主管挖眼三通 DN70×70	个	4	
三	阀门安装			
8	法兰截止阀 DN70	个	8	
9	法兰止回阀 DN70	个	2	
10	法兰截止阀 DN50	个	3	
四	法兰安装			
11	碳钢对焊法兰DN80	片	1	
12	碳钢对焊法兰DN65	副	2	
13	碳钢对焊法兰DN65	片	9	
14	碳钢对焊法兰DN50	副	2	
15	碳钢对焊法兰DN50	片	3	
五	低中压管道液压试验			
16	低中压管道液压试验DN100以内	m	40.1	4.4+32.9+2.8
六	压缩空气吹扫			
17	压缩空气吹扫DN50以内	m	2.8	2.8
18	压缩空气吹扫DN100以内	m	37.3	32.9+4.4
七	其他			
19	普通支架制作安装	kg	45	
八	管道除锈刷油			
20	管道除锈	m²	9.58	DN57×3.5：S=3.14×0.057×2.8=0.50；D76×4：S=3.14×0.076×32.9=7.85；D89×4：S=3.14×0.089×4.4=1.23。S总=0.50+7.85+1.23=9.58
21	管道刷红丹防锈漆两遍	m²	9.58	同上
22	管道刷调和漆两遍	m²	9.58	同上
23	支架除锈、刷油	kg	45	

（4）计算直接工程费   根据工程量套用《全国统一安装工程预算定额河北省消耗量定额》（2012），计算直接工程费，详见表7-3。

表7-3　安装工程预算表

工程名称：某工程生产装置的部分工艺管道

序号	定额编号	分部分项工程名称	单位	数量	单价/元 主材费	基价	单价 人工费	单价 机械费	合价/元 主材费	基价	合价 人工费	合价 机械费
1	6-55	热轧无缝钢管氩氩电联焊D89×4	10m	0.44	42×9.57	111.23+42×9.57	68.4	32.22	176.85	225.79	30.10	14.18
2	6-54	热轧无缝钢管氩电联焊D76×4	10m	3.29	36×9.57	95.08+36×9.57	58.2	27.57	1133.47	1446.28	191.48	90.71
3	6-53	热轧无缝钢管氩氩电联焊D57×3.5	10m	0.28	23×9.57	74.97+23×9.57	45	24.71	61.63	82.62	12.60	6.92
4	6-740	成品弯头氩电联焊DN80	10个	0.1	56×10	596.25+56×10	129	381.66	56.00	115.63	12.90	38.17
5	6-739	成品弯头DN70	10个	1.5	50×10	512.76+50×10	114	325.45	750.00	1519.14	171.00	488.18
6	6-738	成品弯头DN50	10个	0.1	30×10	339.42+30×10	105.6	192.44	30.00	63.94	10.56	19.24
7	6-739	主管挖眼三通DN70×70	10个	0.4		512.76	114	325.45	0.00	205.10	45.60	130.18
8	6-1411	法兰截止阀J41H-16 DN70	个	8	220	42.77+220	28.20	10.01	1760.00	2102.16	225.60	80.08
9	6-1411	法兰止回阀H41T-16 DN70	个	2	245	42.77+245	28.20	10.01	490.00	575.54	56.40	20.02
10	6-1410	法兰截止阀J41H-16 DN50	个	3	170	30.3+170	17.4	9.49	510.00	600.90	52.20	28.47
11	6-1838换	碳钢对焊法兰氩电联焊DN80	片	1	45×1	68.65×0.61+45×1	18×0.61	38.03×0.61	45.00	86.88	10.98	23.20
12	6-1837	碳钢对焊法兰DN65	副	2	42×2	60.24+42×2	17.4	36.63	168.00	288.48	34.80	73.26
13	6-1837换	碳钢对焊法兰DN65	片	9	42×1	60.24×0.61+42×1	17.4×0.61	36.63×0.61	378.00	708.72	95.53	201.10
14	6-1836	碳钢对焊法兰DN50	副	2	38×2	49.34+38×2	15	27.8	152.00	250.68	30.00	55.60
15	6-1836换	碳钢对焊法兰DN50	片	3	38×1	49.34×0.61+38×1	15×0.61	27.8×0.61	114.00	204.29	27.45	50.87
16	6-2584	低中压管道液压试验DN100以内	100m	0.401		311.41	252.6	35.42	0.00	124.88	101.29	14.20
17	6-2599	压缩空气吹扫DN50以内	100m	0.028		188.85	129	52.66	0.00	5.29	3.61	1.47
18	6-2600	压缩空气吹扫DN100以内	100m	0.373		230.31	153.6	57.12	0.00	85.91	57.29	21.31
19	6-3002	普通支架制作安装	100kg	0.45	3.5×106	848.54+2.5×106	445.2	331.71	166.95	501.09	200.34	149.27
20	11-1	管道除锈	10m²	0.958		21.35	18.6		0.00	20.45	17.82	0.00
21	11-51	管道刷红丹防锈漆第一遍	10m²	0.958	32×1.47	18+32×1.47	15		45.03	62.31	14.37	0.00

续表

序号	定额编号	分部分项工程名称	单位	数量	单价/元 主材费	单价/元 基价	单价/元 其中 人工费	单价/元 其中 机械费	合价/元 主材费	合价/元 基价	合价/元 其中 人工费	合价/元 其中 机械费
22	11-52	管道刷红丹防锈漆第二遍	10m²	0.958	32×1.3	17.67+32×1.3	15		39.85	56.78	14.37	0.00
23	11-60	管道刷调和漆第一遍	10m²	0.958	18×1.05	16.49+18×1.05	15.6		18.11	33.90	14.94	0.00
24	11-61	管道刷调和漆第二遍	10m²	0.958	18×0.93	15.89+18×0.93	15		16.04	31.26	14.37	0.00
25	11-7	支架除锈	100kg	0.45		33.35	18.60	12.72	0.00	15.01	8.37	5.72
26	11-113	支架刷红丹防锈漆第一遍	100kg	0.45	32×1.16	27.75+32×1.16	12.60	12.72	16.70	29.19	5.67	5.72
27	11-114	支架刷红丹防锈漆第二遍	100kg	0.45	32×0.95	26.83+32×0.95	12	12.72	13.68	25.75	5.40	5.72
28	11-122	支架刷调和漆第一遍	100kg	0.45	18×0.8	25.45+18×0.8	12	12.72	6.48	17.93	5.40	5.72
29	11-123	支架刷调和漆第二遍	100kg	0.45	18×0.7	25.37+18×0.7	12	12.72	5.67	17.09	5.40	5.72
30		直接工程费小计							6153.46	9502.99	1475.84	1535.03

能力训练题

一、单选题

1. 无缝钢管管径表示方法为（　　　）。
   A. 管道外径×壁厚
   B. 公称直径
   C. 管道外径
   D. 管道内径

2. 工业管道低压管道的划分范围是（　　　）。
   A. $0 < p \leq 1.6$ MPa
   B. $0 < p \leq 1.0$ MPa
   C. $5 < p \leq 1.6$ MPa
   D. 1.6 MPa $< p \leq 10$ MPa

3.《全国统一安装工程预算定额河北省消耗量定额》（2012）第六册规定，与设备相连接的法兰或管路末端盲板封闭的法兰安装以"片"为单位计算时，执行法兰定额相应项目乘以系数（　　　），螺栓数量不变。
   A. 0.5
   B. 0.61
   C. 1.0
   D. 1.5

4.《全国统一安装工程预算定额河北省消耗量定额》（2012）第六册规定，钢制四通的安装可按相应管件连接定额乘以（　　　）的系数计算。
   A. 1.0
   B. 1.2
   C. 1.4
   D. 1.6

二、判断题

1.《全国统一安装工程预算定额河北省消耗量定额》（2012）第六册规定，各种管道安装工程量，按设计管道中心线以"延长米"长度计算，应扣除阀门及各种管件所占长度。（　　　）

2. 挖眼接管三通，支线管径小于主管径 1/2 时，不计算管件工程量；在主管上挖眼焊接管接头、凸台等配件，按配件管径计算管件工程量。（　　　）

3. 现场加工的各种管道，在主管上挖眼接管三通、摔制异径管，均应按不同压力、材质、规格，以主管径执行管件连接相应项目，不另计制作费和主材费。（　　　）

4. 钢制四通安装套用管件连接子目乘以系数 1.2。（　　　）

5.《全国统一安装工程预算定额河北省消耗量定额》（2012）第六册规定，各种法兰安装，项目中只包括 2 个垫片和 2 副法兰用的螺栓的安装费用。（　　　）

通风空调工程识图与计价

知识目标

1. 了解通风系统的组成与分类；

2. 熟悉通风系统各种管材、部件的性能与选用；

3. 熟悉《全国统一安装工程预算定额河北省消耗量定额》（2012）第九册定额内容，掌握通风空调工程工程量计算规则。

技能目标

1. 能够熟练识读通风空调施工图；

2. 能够根据工程量计算规则计算工程量；

3. 能够熟练套用定额，计算直接费，进而计算工程造价。

情感目标

通过分组讨论学习，了解通风空调系统的组成，让每个学生充分融入学习情境中，满足学生的求知欲和好奇心，激发学生的学习兴趣，形成良好的学习习惯，掌握通风空调工程量计算和套定额计算工程造价。通过各小组多方位合作，培养学生团队合作、互助互学的精神，形成正确的世界观、价值观和人生观。

8.1　通风空调工程基础知识

8.1.1　通风的概念与分类

8.1.1.1　通风的概念

建筑通风就是把室内被污染的空气直接或经过净化后排至室外，把室外新鲜空气或经过净化的空气补充进来，以保持室内的空气环境满足卫生标准和生产工艺的要求。

8.1.1.2　通风的分类

（1）按工作动力分类　通风系统按工作动力不同，可分为自然通风和机械通风两种。

自然通风是利用室外风力造成的风压以及由室内外温差（或室内外空气的密度差）和高度差产生的热压使空气流动；机械通风是依靠风机提供的动力使空气流动。

（2）按作用范围分类　通风系统按作用范围不同，可分为全面通风和局部通风。

全面通风是对整个房间进行通风换气，用送入室内新鲜空气把房间里的有害物质浓度稀释到卫生标准的允许浓度以下。局部通风是采用局部气流，使局部工作地点不受有害物质的污染，以保持良好的局部工作环境。

8.1.1.3　自然通风

自然通风是依靠室内外空气的温度差、密度差、高度差造成的热压或室外风力造成的风压使空气流动的通风方式，如图8-1所示。

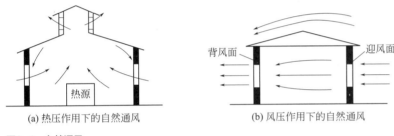

(a) 热压作用下的自然通风　　　　　(b) 风压作用下的自然通风

图8-1　自然通风

8.1.1.4　机械通风

机械通风是依靠风机造成的压力使空气流动的通风方式。机械通风根据其作用范围大小，可分为全面通风和局部通风。

（1）全面通风　全面通风分为全面送风和全面排风，可单独使用，也可同时使用。单独使用时需要与自然进、排风方式相结合，如全面机械排风、自然进风系统，全面机械送风、自然排风系统，全面机械送、排风系统。

① 全面机械排风、自然进风系统：室内污浊空气在风机作用下通过排风口和排风管道排到室外，而室外新鲜空气在排风机抽吸造成的室内负压作用下，通过外墙上的门、窗孔洞或缝隙进入室内。这种通风方式由于室内是负压，可以防止室内空气中的有害物向邻室扩散，如图8-2所示。

② 全面机械送风、自然排风系统：室外新鲜空气经过空气处理设备处理达到要求后，用风机经送风管和送风口送入室内。室内因不断地送入空气，压力升高，呈正压状态，使室内空气在正压作用下，通过外墙上的门、窗孔洞或缝隙排向室外。与室内卫生条件要求较高的房间相邻时不宜采用此种通风方式，以免室内空气中的有害物在正压作用下向邻室扩散，如图8-3所示。

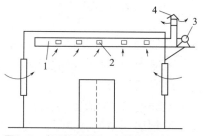

图8-2　全面机械排风、自然进风系统

1—风管；2—回风口；3—风机；4—风帽

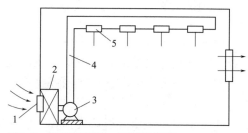

图8-3　全面机械送风、自然排风系统

1—进风口；2—空气处理设备；3—风机；4—风管；5—送风口

③ 全面机械送、排风系统：室外新鲜空气在送风机作用下经过空气处理设备、送风管道和送风口送入室内，污染后的室内空气在排风机的作用下直接排至室外，或送往空气净化设备处理，达到允许的有害物浓度的排放标准后排入大气，如图 8-4 所示。

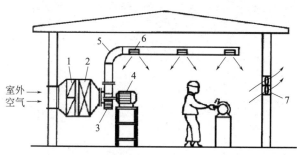

图8-4　全面机械送、排风系统

1—空气过滤器；2—空气加热器；3—风机；4—电动机；5—风管；6—送风口；7—轴流风机

（2）局部通风　局部通风系统分为局部送风和局部排风。两者都是利用局部气流，使局部的工作区域不受有害物质的污染，以保持良好的局部工作环境。

① 局部送风系统：对于面积较大且工作人员很少的生产间（如高温车间），采用全面通风的方法改善整个车间的空气环境既困难又不经济，而且往往也没有必要，可采用局部送风方法，向少数工作人员停留的地点送风，使局部工作区保持较好的空气环境即可，如图 8-5 所示。

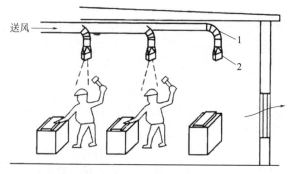

图8-5　局部送风系统

1—送风管；2—送风口

② 局部排风系统：局部排风是把有害物质在生产过程中的产生地点直接捕集起来排放到室外的通风方法，这是防止有害物质向四周扩散的最有效措施。与全面排风相比，局部排风除了能有效地防止有害物质污染环境和危害人们的身体健康外，还可以大大地减少排除有害物质所需的通风量，是一种经济的排风方式，如图 8-6 所示。

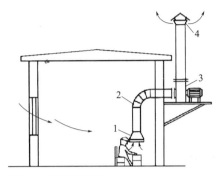

图8-6　局部排风系统

1—排风罩；2—风管；3—风机；4—伞形风帽

8.1.1.5　通风系统的组成

（1）排风系统　排风系统主要由排风口（排风罩）、风道、空气处理设备（包括除尘器、空气净化器等）、风机、风帽等组成。

（2）送风系统　送风系统主要由新风百叶窗、空气处理设备（包括过滤器、加热器等）、通风机（离心式、轴流式、贯流式）、风道、送风口等组成。

8.1.2　通风系统常用设备及附件

8.1.2.1　通风管道

风管是通风系统中的重要组成部分，其作用是输送空气。根据制作所用的材料不同可分为风管和风道两种。一般将砖、混凝土砌筑的称为风道，而将板材制作的称为风管。

（1）风管形状　风管的断面有圆形和矩形两种。当风管中流速较高、直径较小时采用圆风管。另一种是矩形截面风管，其特点是美观、管路易与建筑结构相配合。当截面尺寸大时，为充分利用建筑空间常采用矩形截面风管，如图 8-7 所示。

圆形风管规格用"直径 D 或 ϕ"表示，如：$D300$。

矩形风管规格用截面"宽 × 高"表示，如：800×250。

（2）风管板材　通风系统常用风管材料有金属和非金属两类。

金属风管材料有普通薄钢板、镀锌薄钢板、不锈钢板、铝板、塑钢复合板等。非金属风管材料包括玻璃钢板、硬聚乙烯板、聚丙烯板材等。

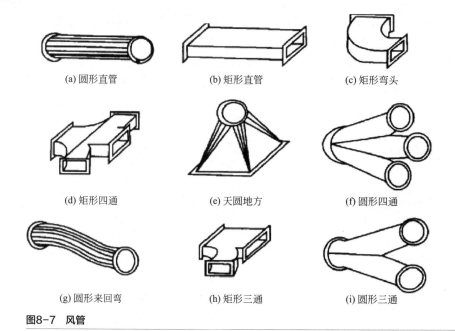

(a) 圆形直管　　　　　(b) 矩形直管　　　　　(c) 矩形弯头

(d) 矩形四通　　　　　(e) 天圆地方　　　　　(f) 圆形四通

(g) 圆形来回弯　　　　(h) 矩形三通　　　　　(i) 圆形三通

图8-7　风管

① 普通薄钢板。又称"黑铁皮"，结构强度较高，具有良好的加工性能，价格便宜，但表面易生锈，使用时应作防腐处理，用于一般通风系统和除尘系统。

② 镀锌薄钢板。俗称白铁皮，其表面锌层有良好的防腐作用，常用于潮湿环境中通风系统风管及配件、部件的制作。

③ 不锈钢板。在普通碳素钢中加入铬、镍等元素，经高温氧化形成一个紧密的氧化物保护层，这种钢就叫"不锈钢"。不锈钢板具有防腐、耐酸、强度高、韧性大、表面光洁等优点，但价格高，常用在化工等防腐要求较高的通风系统中。

④ 铝板。铝板的塑性好、易加工、耐腐蚀，受摩擦时不产生火花，常用在有防爆要求的通风系统上。

⑤ 玻璃钢板。玻璃钢板主要是通过树脂和玻璃纤维以及添加优质的石英砂由机器控制缠绕而成，具有轻质、高强、耐腐蚀的性能，且加工安装方便，应用较多。此类风管广泛用在纺织、印染等含有腐蚀性气体以及含有大量水蒸气的排风系统上。

（3）风管的制作　金属薄板风管的制作可采用咬口连接（咬接）、焊接、铆钉连接（铆接）等。根据板材厚度不同，可选用不同的连接方法制作，如表 8-1 所示。

表8-1　金属风管制作连接方法

板材厚度/mm	材质		
	钢板 （不包括镀锌钢板）	不锈钢板	铝板
板厚≤1.0	咬接	咬接	咬接
1.0＜板厚≤1.2		焊接 （氩弧焊及电焊）	
1.2＜板厚≤1.5	焊接 （电焊）		
板厚＞1.5			焊接（氩弧焊及电焊）

① 咬口连接。咬口连接类型有单平咬口、单立咬口、按扣式咬口、转角咬口、承插咬口、联合角咬口等，如图 8-8 所示。不同的咬口型式适用于不同部位，如表 8-2 所示。

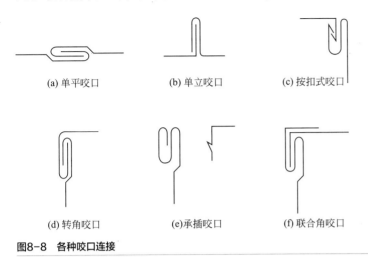

(a) 单平咬口　　　(b) 单立咬口　　　(c) 按扣式咬口

(d) 转角咬口　　　(e) 承插咬口　　　(f) 联合角咬口

图8-8　各种咬口连接

表8-2　咬口连接使用范围

型式名称	适用范围
单平咬口	用于板材的拼接和圆形风管的闭合咬口
单立咬口	用于圆形弯管或直接的管节咬口
联合角咬口	用于矩形风管、弯管、三通管及四通管的咬接
转角咬口	矩形风管大多采用此咬口，有时也用于弯管、三通管、四通管

② 焊接。焊接的方法有电焊、气焊、氩弧焊等。焊缝形式有对接焊缝、搭接焊缝、角焊缝、扳边焊缝等，如图 8-9 所示。

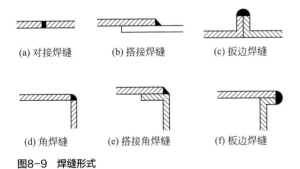

(a) 对接焊缝　　　(b) 搭接焊缝　　　(c) 扳边焊缝

(d) 角焊缝　　　(e) 搭接角焊缝　　　(f) 板边焊缝

图8-9　焊缝形式

③ 铆接。铆接主要用于角钢法兰与风管之间的固定连接，铆钉连接时，必须使铆钉中心线垂直于板面，铆钉头应把板材压紧，使板缝密合并且铆钉排列整齐均匀。

（4）风管加固　对于管径较大的风管，为了使其断面不变形，同时减少由于管壁振动而产生的噪声，需要对管壁加固。常见的风管加固形式如图 8-10 所示。

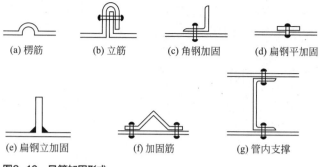

图8-10　风管加固形式

8.1.2.2　风口

风口分送风口和排风口。室内送风口的作用是将管道输送来的空气以适当的速度、数量和角度送到工作地区。室内排风口的作用是将被污染的空气收集起来，以一定的速度排出。

常用的风口有单层百叶风口、双层百叶风口、散流器、球形风口、孔板送风口等，如图8-11所示。

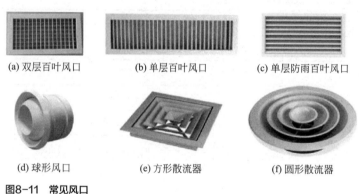

图8-11　常见风口

8.1.2.3　风阀

通风系统中的风管阀门（简称风阀）主要用于启动风机，关闭风道、风口，调节管道内空气流量，平衡阻力等。风阀安装在风机出口的风道上、主干风道上、分支风道上或空气分布器之前等位置。常用的风阀有插板阀、蝶阀、止回阀、防火阀等，如图8-12所示。

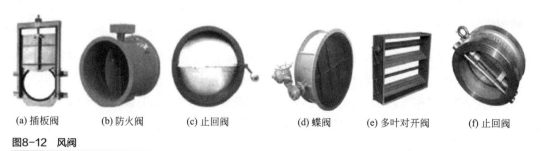

图8-12　风阀

8.1.2.4 风机

风机是为通风系统中的空气流动提供动力的机械设备。在排风系统中，为了防止有害物质对风机的腐蚀和磨损，通常把风机布置在空气处理设备的后面。风机可分为离心式风机和轴流式风机两种类型，如图 8-13 所示。

离心式风机主要由叶轮、机壳、机轴、吸气口、排气口等部件组成，按照输送气体的性质，可分为普通风机、排尘风机、防腐风机、防爆风机。

离心式风机特点为扬程大、流量小。轴流式风机特点为扬程小、流量大。

二维码29　风机及风阀

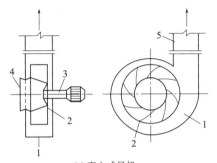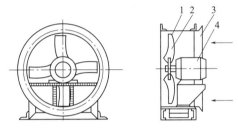

(a) 离心式风机　　　　　　　　　　　　(b) 轴流式风机

1—机壳；2—叶轮；3—机轴；4—导流器；5—排气口　　　1—机壳；2—叶轮；3—吸入口；4—电动机

图8-13　风机

风机的相关性能参数如下：

① 风量 L：指风机在工作状态下，单位时间输送的空气量，单位为 m^3/s 或 m^3/h。

② 全压 P：指每立方米空气通过风机后所获得的动压和静压之和，单位是 Pa。

③ 轴功率 N_z：指电动机加在风机轴上的功率，单位是 kW。

④ 有效功率 N_y 和效率 η：由于风机在运行中有能量损失，电动机提供的轴功率并没有全部用于输送空气，其中在单位时间内传递给空气的能量称为风机的有效功率。有效功率与轴功率的比值称为风机的效率，其大小反映了能量的有效利用程度。

⑤ 风机的转数 n：指风机在每分钟内的旋转次数，单位为 r/min。

8.1.2.5 除尘器

在一些机械排风系统中，排除的空气中往往含有大量的粉尘，如果直接排入大气，就会使周围的空气受到污染，影响环境卫生和危害居民健康，因此必须对排除的空气进行适当除尘净化。除尘器是除尘系统的重要设备，通过除尘器可将排风中的粉尘捕集，使排风中粉尘的浓度降低到排放标准允许值以下，保护大气环境。常用的除尘器有重力沉降室、旋风除尘器、布袋除尘器、电除尘装置等。

（1）重力沉降室　重力沉降室是一种粗净化的除尘设备，其构造如图 8-14 所示。当含尘气流从管道中以一定的速度进入重力沉降室时，由于流通断面突然扩大，使气流速度降低，重物下沉，粉尘边前进、边下落，最后落到沉降室底部被捕集。

此种除尘器是靠重力除尘，因此只适合捕集粒径大的粉尘。为有较好的除尘效果，要求重力沉降室具有较大的尺寸。

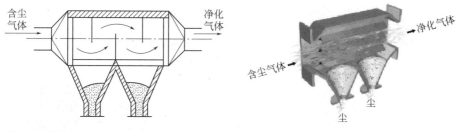

图8-14 重力沉降室

（2）旋风除尘器　旋风除尘器的构造如图 8-15 所示。当含尘气流以一定速度沿切线方向进入除尘器后，在内外筒之间的环形通道内做由上向下的旋转运动（形成外涡旋），最后经排出管排出。含尘气流在除尘器内运动时，尘粒受离心力的作用被甩到外筒壁，受重力作用和向下运动的气流带动作用而落入除尘器底部灰斗，从而被捕集。

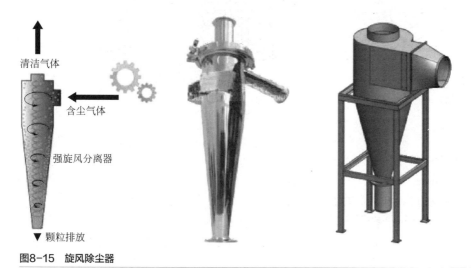

图8-15 旋风除尘器

（3）布袋除尘器　布袋除尘器是利用棉布与其他织物的过滤作用进行除尘的，它对 $5\mu m$ 以下的细小粉尘颗粒也具有较高的除尘效果，如图 8-16 所示。

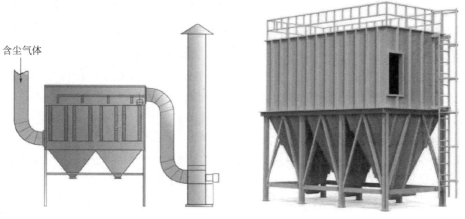

图8-16 布袋除尘器

（4）电除尘装置　电除尘装置是含尘气体在通过高压电场进行电离的过程中，使尘粒带电，并在电场力的作用下使尘粒沉积在集尘器上，将尘粒从含尘气体中分离出来的一种除尘设备。

8.1.3　空气调节的概念

空气调节简称空调，是更高级的通风，是指在某一房间或空间内，对空气温度、湿度、气流速度和洁净度（简称"四度"）等进行人工调节，以满足人体舒适和工艺生产过程的需求。空气调节的任务就是向室内提供冷量或热量，并稀释室内的污染物，以保证室内具有适宜的舒适环境和良好的空气品质，在任何自然环境下，将室内空气控制在一定的温度、湿度、气流速度以及清洁程度上。

空气调节应用于工业生产和科学实验过程一般称为工艺性空调，应用于以人为主的环境则称为舒适性空调。

8.1.4　空调系统的分类

一般空调系统通常包括以下设备及附件：

冷、热源设备，提供空调用冷、热源；把冷热介质输送至使用场所的设备及管道；对空气进行处理并运送至空调房间的空气处理设备及管道；温度、湿度等参数的控制设备及元器件等。根据以上设备的情况，可对空调系统进行一系列的分类。

8.1.4.1　按空气处理设备的设置情况分类

按空气处理设备的设置不同，可分为集中式空调系统、半集中式空调系统和分散式空调系统。

（1）集中式空调系统　集中式空调系统是将各种空气处理设备，包括风机、冷却器、加热器、加湿器、过滤器等都设置在一个集中的空调机房里，空气经过集中处理后，再通过风管送往各个空调房间。空气处理所需的冷、热源由集中设置的冷冻站、锅炉房或热交换站供给。集中式空调系统的优点是处理空气量大，需要集中的冷源和热源，运行可靠；缺点是机房占地面积大、风管占据空间较多。其主要适用于商场、超市、写字楼、剧院等大型公共场所。集中式空调系统属于全空气系统，如图 8-17 所示。

（2）半集中式空调系统　半集中式空调系统是除了设有集中的空调机房外，还设有分散在各个房间里的二次设备（又称为末端设备）来承担一部分热湿负荷，其分为诱导器系统和风机盘管系统两种。这种系统除了向室内送入经处理的空气外，还在室内设有以水做介质的末端设备对室内空气进行冷却或加热。一般办公楼、宾馆等房间较多的建筑常采用风机盘管系统。图 8-18 为风机盘管加新风系统，图 8-19 为风机盘管构造图。

风机盘管系统的优点是冷源和热源集中，便于维护和管理；布置灵活，各房间能够独立调节温度，互不影响；机组定型化、规格化，易于选择和安装。

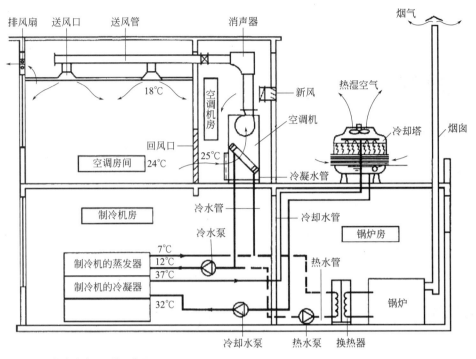

图8-17　集中式空调系统示意图

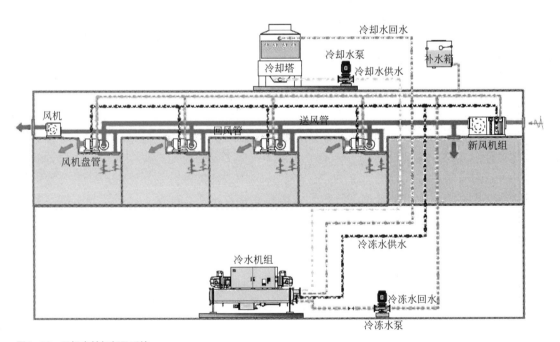

图8-18　风机盘管加新风系统

图8-19　风机盘管构造

（3）分散式空调系统　分散式空调系统又称为局部空调系统，是典型的制冷剂系统，是将空气处理设备直接或就近安装在需要空气调节的房间，就地调节空气，特别适用于舒适性空调，常用的有壁挂式、立式等，如图 8-20 所示。

图8-20　分散式空调系统

8.1.4.2　按承担负荷的介质不同分类

按负担室内热湿负荷的介质不同，可分为全空气系统、全水系统、空气 – 水系统、制冷剂系统。

（1）全空气系统　室内热湿负荷全部由经过处理的空气来承担，房间只有风管和送风口。此系统所需处理的空气量比较大，因而风管断面尺寸较大，占用建筑物空间较多。低速集中式空调系统属于此种类型，如图 8-21 所示。

（2）全水系统　空调房间热湿负荷全部由经过处理的水来承担。全水系统的体积较全空气系统小，能够节省建筑物空间，但不能够解决房间通风换气问题。不设新风的风机盘管系统属于全水系统，如图 8-22 所示。

（3）空气 – 水系统　空调房间的热湿负荷由经过处理的空气和水共同承担。风机盘管加新风系统就属于这种形式。新风可用来改善室内空气品质，而盘管用来消除热湿负荷，如图 8-23 所示。

（4）制冷剂系统　空调房间的热湿负荷直接由制冷系统的制冷剂来承担。局部式空调系统就属于制冷剂系统，如家用空调、户式中央空调，如图 8-24 所示。

图8-21　全空气系统

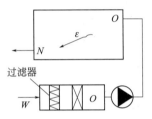

图8-22　全水系统

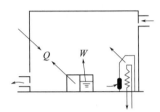

图8-23　空气-水系统

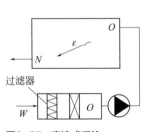

图8-24　制冷剂系统

8.1.4.3　按集中处理的空气来源不同分类

空调系统根据所处理的空气来源不同，可分为直流式、封闭式和混合式三种。

（1）直流式系统（全新风系统）　空调系统全部使用室外新鲜空气，空气经处理后送入室内，吸收余热、余湿后排出室外，不再循环使用。此系统卫生条件好，但运行费用高，适用于不允许有回风的场合，如放射性实验室及散发大量有害气体的车间，如图 8-25 所示。

（2）封闭式系统（全循环式系统）　空调系统处理的空气全部来自空调房间，没有新风补充，全为再循环空气，因此房间和空气处理之间形成了一个封闭回路。封闭式系统空调系统能耗最小，但卫生条件也最差。此系统适用于战时人防工程和很少有人进出的仓库，如图 8-26 所示。

（3）混合式系统　混合式系统也称回风式，送风中除新风外，还利用一部分室内回风，回风占总送风量的 60% ～ 70% 以上。回风式系统还可分为一次回风系统和二次回风系统，如图 8-27 所示。

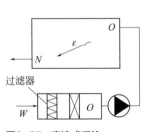

图8-25　直流式系统

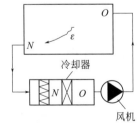

图8-26　封闭式系统

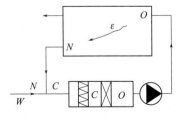

图8-27　混合式系统

8.1.4.4　按系统风量调节方式分类

（1）定风量系统　空调系统的送风量全年不变，并且按房间最大热湿负荷确定送风量，能耗比较大。

（2）变风量系统　变风量系统靠减少风量的办法来适应负荷的降低，保持室内温度不变，节约了热量供应，降低了电耗。

8.1.5　空调系统的组成

空调系统通常由五部分组成：冷源和热源、空气处理设备、空调风系统、空调水系统、运行调节系统。

二维码30　空调系统的组成

8.1.5.1　冷源和热源

冷源用来提供"冷能"以冷却送风空气。冷源分为天然冷源和人工冷源，天然冷源如深井水，人工冷源就是提供冷冻水的制冷机组。为了节约地下水资源和防止地层下沉，人工冷源得到了广泛应用。

热源用来提供热能以加热送风空气。热源分天然热源和人工热源。天然热源指太阳能和地热，由于技术上的限制，应用尚不普及。人工热源指提供热水或蒸汽的锅炉、电加热器等。

8.1.5.2　空气处理设备

空气处理设备的作用是利用冷（热）源或其他辅助方法将空气处理到所要求的状态，如空气加热或冷却设备、空气加湿或去湿设备和空气净化设备等。

8.1.5.3　空调风系统

空调风系统由风机和风管系统组成。风机是提供空气在风管中流动动力的设备。风管系统要求保温，防止冷、热量的损失，为了与建筑配合常制成矩形。风系统的作用是将空气从空气处理设备输送到空调房间中并进行合理分配，同时为了保持空调房间的恒压，从室内排走空气。

8.1.5.4　空调水系统

空调水系统（图8-28）由水泵和水管系统组成。水泵是提供水在水管中流动动力的设备。空调水系统包括从冷（热）源设备输送到空气处理设备的冷冻水（或热水）系统、制冷设备的冷却水系统以及空气处理设备的冷凝水系统。

8.1.5.5　运行调节系统

运行调节系统的作用是调节空调系统的冷量、热量和风量等，使空调系统的工作随时适应空调工况的变化，从而将室内空气状态控制在要求的范围内。

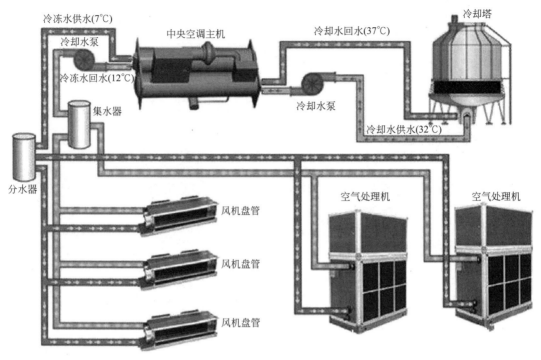

冷冻水供水(7℃)　　　中央空调主机　　　冷却水回水(37℃)　　　冷却塔

冷却水泵

冷冻水回水(12℃)

集水器

冷却水泵

冷却水供水(32℃)

分水器

风机盘管　　　空气处理机　　　空气处理机

风机盘管

风机盘管

图8-28　空调水系统示意图

8.1.6　空调系统常用设备

　　空调系统对空气的调节主要是由空气处理设备、空气输送设备和空气分配设备三大部分来完成的。此外，还有冷热源、冷却水及其输送系统等部件和自动控制设备等，这些构成一个集中空调系统整体。为了实现不同的空气处理过程，就要采用不同的空气处理设备。空调系统常用的设备有冷水机组、空气过滤器、喷水室、表面式换热器、加湿器、消声及减振装置等。

8.1.6.1　冷水机组

　　冷水机组又称冷冻机、制冷机组、冰水机组等，是空调系统治备冷冻水的设备。根据制冷原理不同分为蒸发式制冷机组和吸收式制冷机组，其中蒸发式制冷机组较为常见。根据压缩机不同又分为螺杆式冷水机组、涡旋式冷水机组、离心式冷水机组等。蒸发式制冷机组主要包括四大组成部分：压缩机、蒸发器、冷凝器和膨胀阀。根据制冷剂在冷凝器中的冷却方法不同，又可分为水冷制冷机组和风冷制冷机组。图 8-29 为水冷制冷机组组成示意图，图 8-30 为常见制冷机组。

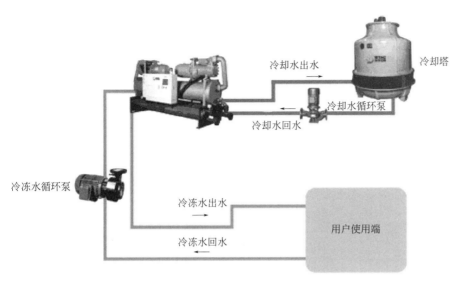

图8-29　水冷制冷机组组成示意图

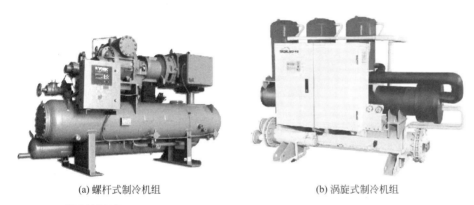

(a) 螺杆式制冷机组　　　　　　　　(b) 涡旋式制冷机组

图8-30　常见制冷机组

8.1.6.2　空气过滤器

空气过滤器是用来对空气进行净化处理的设备，通常分为粗效、中效和高效过滤器三种类型，如图 8-31 所示。

（1）粗效过滤器　粗效过滤器又称初效过滤器，主要用于空气的初级过滤，过滤粒径在 5μm 以上大颗粒灰尘。此过滤器通常由金属网格、聚氨酯泡沫塑料及各种人造纤维滤料制作而成。

（2）中效过滤器　中效过滤器用于过滤粒径在 1～5μm 范围的灰尘。此过滤器通常采用玻璃纤维、无纺布等滤料制作。为了提高过滤效率和处理较大的风量，常做成抽屉式或袋式等形式。

（3）高效过滤器　高效过滤器用于过滤粒径在 0.5～1μm 范围的灰尘，应用于对空气洁净度要求较高的净化空调。此过滤器通常采用超细玻璃纤维、超细石棉纤维等滤料制作。

空气过滤器应经常拆换清洗，以免因滤料上积尘太多，风管系统的阻力增加，导致空调房间的温、湿度和室内空气洁净度达不到设计的要求。

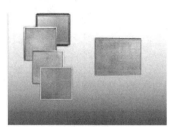

(a) 粗效过滤器　　　　　　　　(b) 中效过滤器　　　　　　　　(c) 高效过滤器

图8-31　空气过滤器

8.1.6.3　喷水室

喷水室是空调系统中夏季对空气进行冷却除湿、冬季对空气进行加热加湿的设备。在喷水室中喷入不同温度的水，当空气和水直接接触时，两者之间就会发生热和湿的交换，用喷水室进行空气处理就是利用这一原理进行的。在喷水室中喷不同温度的水，可以实现对空气的加热、冷却、加湿、减湿等多种空气处理过程。同时它还有一定的净化空气的能力，如图8-32所示。

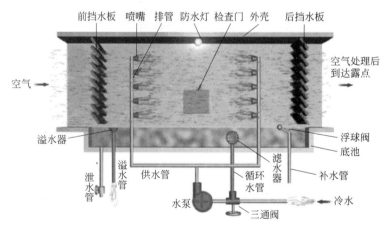

图8-32　喷水室

8.1.6.4　表面式换热器

用表面式换热器处理空气时，对空气进行热湿交换的工作介质不直接与被处理的空气接触，而是通过换热器的金属表面与空气进行热湿交换。在表面式加热器中通入热水或蒸汽，可以实现对空气的等湿加热过程，通入冷水或制冷剂，可以实现对空气的等湿和减湿冷却过程。

8.1.6.5　加湿器

加湿器是用于对空气进行加湿处理的设备，常用的有干蒸汽加湿器和电加湿器两种类型。图 8-33 为干蒸汽加湿器构造。

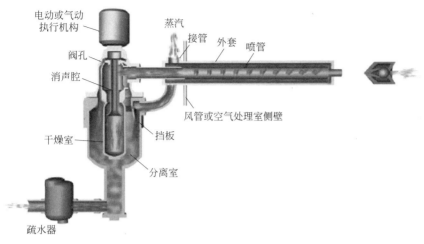

图8-33　干蒸汽加湿器构造

8.1.6.6　消声及减振装置

（1）消声器　消声器是空调系统中用来降低空气噪声的装置，根据其工作原理不同，分为阻性消声器（包括管式、片式、格式、折半式、声流式等）、抗性消声器、共振型消声器、阻抗复合消声器等，另外，还有消声弯头、消声静压箱等，如图 8-34 所示。

(a) 管式消声器　　　　　(b) 片式消声器　　　　(c) 消声静压箱　　　　(d) 消声弯头

图8-34　消声器

（2）减振装置　机房内各种有运动部件的设备（风机、水泵、制冷压缩机）在运转时都会产生振动，振动会引起构件（楼板）或管道振动，有时危害安全，因此对振源需要采取隔振措施。常用的减振装置有弹簧减震器、橡胶隔振垫等，如图 8-35 所示。

(a) 弹簧减震器　　　　　　(b) 橡胶隔振垫

图8-35　设备减振装置

（3）帆布软管接头　通风空调工程中帆布软管接头起着减少风管与设备共振的作用，一般采用帆布、涂胶帆布制作，如图 8-36 所示。

图8-36　帆布软管接头

8.2　通风空调工程施工图识图

8.2.1　通风空调工程施工图分类及常用图例

8.2.1.1　施工图分类

通风空调工程施工图由平面图、剖面图、系统轴测图、大样图和设计施工说明等组成。

大样图是表示一组设备、一组配管、一组管件的组合详图。大样图有的在主体图上表示，有的则按照标准图集的规定。其中节点图是在平面图或断面图上表示某一连接处的图形放大，使施工人员更清楚地了解施工方法，一般用英文字母表示位置，如"A"节点。

设计施工说明主要包括设计依据、设计参数、空调方案、材料选择及施工方法、技术要求、质量标准以及采用的标准图集等。

8.2.1.2　常用图例

① 风管图例，如表 8-3 所示。
② 通风管件图例，如表 8-4 所示。
③ 风口图例，如表 8-5 所示。
④ 风阀图例，如表 8-6 所示。
⑤ 通风空调设备图例，如表 8-7 所示。

表8-3　风管图例

序号	名称	图例	说明
1	风管	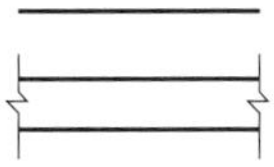	
2	送风管	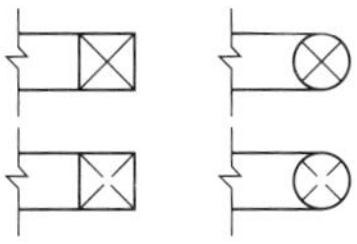	上图为可见剖面 下图为不可见剖面
3	排风管	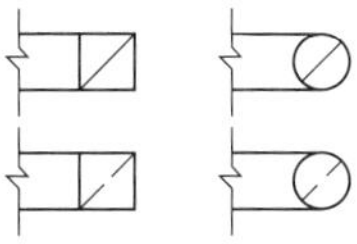	上图为可见剖面 下图为不可见剖面
4	砖混凝土风道	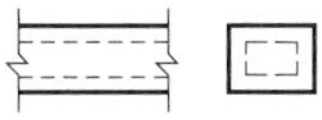	

表8-4　通风管件图例

序号	名称	图例	说明	序号	名称	图例	说明
1	异径管	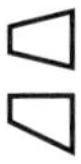		7	柔性接头	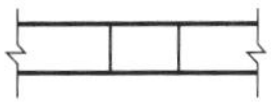	中间部分也适用于软风管
2	异形管 （天圆地方）			8	弯头	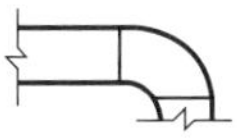	
				9	圆形三通	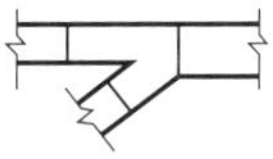	
3	带导流片弯头	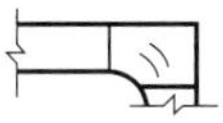		10	矩形三通	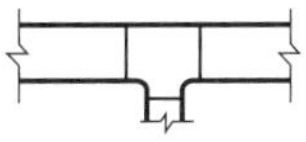	
4	消声弯头	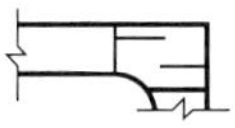		11	伞形风帽		
5	风管检查孔	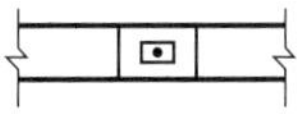		12	桶形风帽	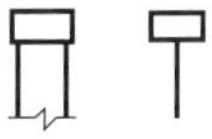	
6	风管测定孔	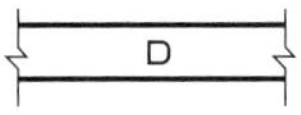		13	锥形风帽	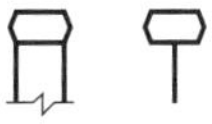	

表8-5　风口图例

序号	名称	图例	说明	序号	名称	图例	说明
1	送风口	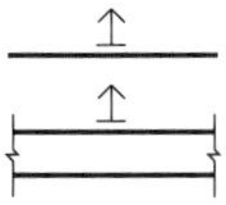		4	回风口	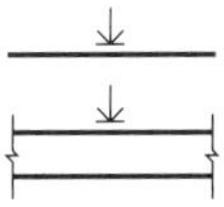	
2	圆形散流器	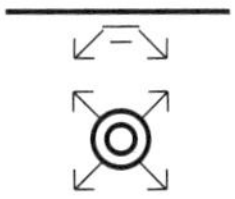	上图为剖面 下图为平面	5	百叶窗	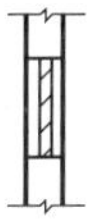	
3	方形散流器	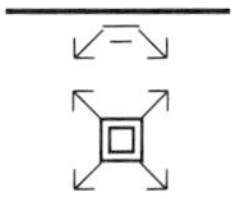	上图为剖面 下图为平面				

表8-6　风阀图例

序号	名称	图例	说明	序号	名称	图例	说明
1	插板阀	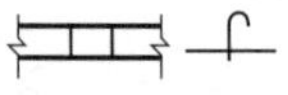	本图例也适用于斜插板	5	风管止回阀	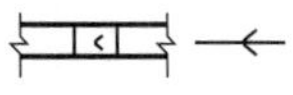	
2	蝶阀			6	防火阀		
3	对开式多叶调节阀	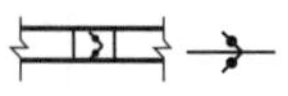		7	三通调节阀		
4	光圈式启动调节阀	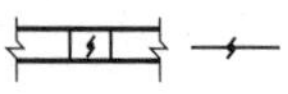		8	电动对开多叶调节阀	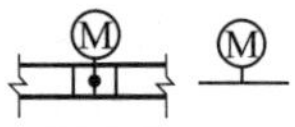	

表8-7　通风空调设备图例

序号	名称	图例	说明	序号	名称	图例	说明
1	通风空调设备	 ○　□	1.本图例适用于一张图内只有序号2至9、11、13、14中的一种设备；2.左图适用于带转动部分的设备，右图适用于不带转动部分的设备	8	风机盘管	⊕	
				9	窗式空调		
2	空气过滤器			10	风机		流向：自三角形的底边至顶点
3	加湿器			11	压缩机		
4	电加热器			12	减震器	△	
5	消声器			13	离心式通风机		
6	空气加热器	⊕		14	轴流式通风机		
7	空气冷却器	⊖		15	喷嘴及喷雾排管		
				16	挡水板	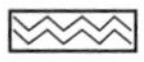	
				17	喷雾室滤水器		

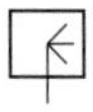

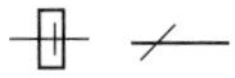

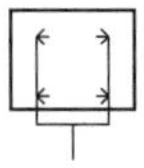

8.2.2　通风空调施工图识读

通风空调施工图识读顺序为：按照系统图或原理图、平面图、剖面图、大样图的顺序，并按照空气流动方向逐段识读，例如可按进风口、进风管道、空气处理器或通风机、主干管、支管、送风口顺序识读。

① 首先要根据施工图目录查清是否齐全，包括平面图、剖面图、大样图、轴测图及设计施工说明等。

② 初读平面图、剖面图、轴测图，并核对设备材料表与图式的数量规格型号是否相符合。

二维码31　通风空调
工程识图案例

③ 风管系统的设备、管路及部件的规格、尺寸，在各种图示中是否有不一致的地方。

④ 精读平面图、剖面图、轴测图和大样图，弄清它们之间的关系和相互交接的地方，如标高、位置、规格、尺寸、气体流向、工艺流程等，从而对整套施工图有一个系统明确的了解。

8.3 通风空调工程计量与计价

8.3.1 定额内容

通风空调工程使用《全国统一安装工程预算定额河北省消耗量定额》（2012）第九册《通风空调工程》。

8.3.2 使用定额注意事项

第九册定额涉及的刷油、绝热、防腐蚀工作内容，执行第十一册《刷油、防腐蚀、绝热工程》相应项目。空调水系统管道执行定额第八册《给排水、采暖、燃气工程》。

8.3.3 工程量计算规则

8.3.3.1 薄钢板通风管道制作安装

① 风管制作安装以施工图规格不同按展开面积计算，不扣除检查孔、测定孔、送风口、吸风口等所占面积。圆形风管面积计算公式：

$$F=\pi DL$$

式中　F —— 圆形风管展开面积，m^2；

　　　D —— 圆形风管直径，m；

　　　L —— 管道中心线长度，m。

矩形风管面积按图示周长乘以管道中心线长度计算。

② 风管长度一律以施工图示中心线长度为准（主管与支管以其中心线交点划分），包括弯头、三通、变径管、天圆地方等管件的长度，但不得包括部件所占长度。直径和周长按图 8-37 所示尺寸为准展开，咬口重叠部分已包括在项目内，不另行增加。

图 8-37 中，（a）、（b）图主管面积为 $S_1=\pi D_1 L_1$，支管面积为 $S_2=\pi D_2 L_2$。（c）图中主管面积为 $S_1=\pi D_1 L_1$，支管面积为 $S_2+S_3=\pi D_2 L_2+\pi D_3(L_{31}+L_{32}+r\theta)$，式中，$\theta$ 为弧度，$\theta=$ 角度 ×0.0175，角度为中心夹角；r 为弯曲半径。

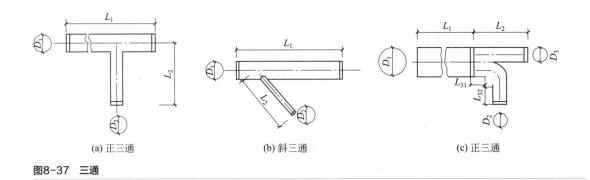

(a) 正三通　　　　　(b) 斜三通　　　　　(c) 正三通

图8-37　三通

③ 风管导流叶片制作安装按施工图示叶片的面积计算。

④ 整个通风系统设计采用渐缩管均匀送风者，圆形风管按平均直径，矩形风管按平均周长执行相应项目，其人工乘以系数2.5。

如图 8-38 所示，图中为圆形均匀减缩风管，若大头直径 D_1 为 600mm，小头直径 D_2 为 400mm，则风管面积为 $S=\pi D_{平} L=3.14 \times (0.6+0.4) \times 0.5 \times 10=15.7(m^2)$。

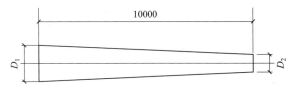

图8-38　圆形均匀减缩风管

⑤ 若制作空气幕送风管时，按矩形风管平均周长执行相应风管项目，其人工乘以调整系数 3.0。

⑥ 柔性软风管安装，按施工图示管道中心线长度以延长米为单位计算，柔性软风管阀门安装，按图纸设计以"个"为计量单位计算。

柔性软风管适用于由金属、涂塑化纤织物、聚酯、聚乙烯、聚氯乙烯薄膜、铝箔等材料制成的软风管。

⑦ 铝合金软风管和铝箔保温软风管安装按施工图示管道中心线长度以延长米计算。

⑧ 软管（帆布接口）制作安装，按施工图示尺寸以"m^2"为计量单位计算。软管接头使用人造革而不使用帆布者可以换算。

⑨ 风管检查孔重量，按第九册附录"国标通风部件标准重量表"计算。

⑩ 风管测定孔制作安装，按其型号以"个"为计量单位计算。

⑪ 木垫式支架垫木，按图纸设计以"m^3"为计量单位计算。

8.3.3.2　调节阀制作安装

① 标准部件的制作，按其成品重量以"100kg"为计量单位计算，根据设计型号、规格，按第九册附录"国标通风部件标准重量表"计算重量，非标准部件按施工图示成品重量计算。

② 部件的安装分别按施工图示规格尺寸（直径或周长）以"个"为计量单位计算，分别执行相应项目。

8.3.3.3 风口制作安装

① 除钢百叶窗及活动金属百叶风口外，风口制作均按其成品重量以"100kg"为计量单位计算，安装按施工图示规格尺寸（周长或直径）以"个"为计量单位计算，分别执行相应项目。

② 钢百叶窗及活动金属百叶风口的制作按图纸设计，以"m²"为计量单位计算，安装按规格尺寸以"个"为计量单位计算。

③ 风口木框制作安装，按图纸设计以"m³"为计量单位计算。

8.3.3.4 消声器、消声弯头制作安装

① 消声器制作安装均按其规格型号以"个"为计量单位计算。

② 消声弯头制作安装均按其规格型号以"m²"为计量单位计算。

8.3.3.5 空调部件及设备支架制作安装

① 挡水板制作安装按空调器断面面积计算。

② 钢板密闭门制作安装以"个"为计量单位计算。

③ 设备支架制作安装按施工图示尺寸以"100kg"为计量单位计算，执行第五册《静置设备与工艺金属结构制作安装工程》相应项目和工程量计算规则。

④ 滤水器、溢水盘制作安装按施工图示尺寸以"100kg"为计量单位计算。

⑤ 电加热器外壳和金属空调器壳体制作安装按施工图示尺寸以"100kg"为计量单位计算。

⑥ 电子水处理仪按公称直径以"个"为计量单位计算。

⑦ 不锈钢软接头、塑料软接头按公称直径以"10个"为计量单位计算。

⑧ 分（集）水器安装按其重量不同以"台"为计量单位计算。

8.3.3.6 通风空调设备安装

① 风机安装按图纸设计不同型号以"台"为计量单位计算。

② 整体式空调机组安装、空调器安装按不同重量和安装方式以"台"为计量单位计算；分段组装式空调器安装按图纸设计以"100kg"为计量单位计算。

③ 风机盘管安装按安装方式不同以"台"为计量单位计算。

④ 空气加热器、除尘设备安装按重量不同以"台"为计量单位计算。

⑤ 空气幕安装，按安装方式不同以"台"为计量单位计算。

⑥ 多联机室内机、室外机安装按重量不同以"台"为计量单位计算。

⑦ 分歧管安装按图纸设计以"10个"为计量单位计算。

⑧ 卫生间通风器按图纸设计以"台"为计量单位计算。

⑨ 风机箱安装按不同风量和安装方式以"台"为计量单位计算。

8.3.4　通风空调案例

8.3.4.1　工程概况

图 8-39、图 8-40 为某大厦多功能厅全空气空调工程施工图，图中标高以米计，其余以毫米计。

① 空气处理由位于图中①和②轴线的空气处理室内的变风量整体空调箱（机组）完成，其规格为（8000m³/h）/0.6t。在空气处理室轴线外墙上，安装了一个 630mm×1000mm 的铝合金防雨单层百叶新风口（带过滤网），其底部距地面 2.8m，在空气处理室②轴线内墙上距地面 1.0m 处，装有一个 1600mm×800mm 的铝合金百叶回风口，其后面接一阻抗复合消声器，型号为 T701-6 型 5#，二者组成回风管。室内大部分空气由此消声器吸入到空气处理室，与新风混合后吸入空调箱，处理后经风管送入多功能厅内。

② 本工程风管采用镀锌薄钢板，咬口连接。其中矩形风管 240mm×240mm、250mm×250mm，铁皮厚度 δ=0.75mm；矩形风管 800mm×250mm、800mm×500mm、630mm×250mm、500mm×250mm，铁皮厚度 δ=1.0mm；矩形风管 1250mm×500mm，铁皮厚度 δ=1.2mm。

③ 回风管上的阻抗复合消声器、送风管上的管式消声器均为成品安装。

④ 图中风管防火阀、对开多叶风量调节阀、铝合金新风口、铝合金回风口、铝合金方形散流器均为成品安装。

⑤ 主风管（1250mm×500mm）上，设置温度测定孔和风量测定孔各一个。

⑥ 风管保温采用岩棉板，δ=25mm，外缠玻璃丝布一道，玻璃丝布不刷油漆。保温时使用黏结剂、保温钉。

⑦ 未尽事宜，按现行施工及验收规范的有关内容执行。

要求根据以上图纸，计算某大厦多功能厅全空气空调工程的工程量，并依据《全国统一安装工程预算定额河北省消耗量定额》（2012）计算空调工程直接工程费。（计算结果保留两位小数）

8.3.4.2　工程量计算

工程量计算书详见表 8-8。

8.3.4.3　计算直接工程费

根据《全国统一安装工程预算定额河北省消耗量定额》（2012）第九册及第十一册，计算直接工程费，详见表 8-9。

二维码32　通风空调
工程案例

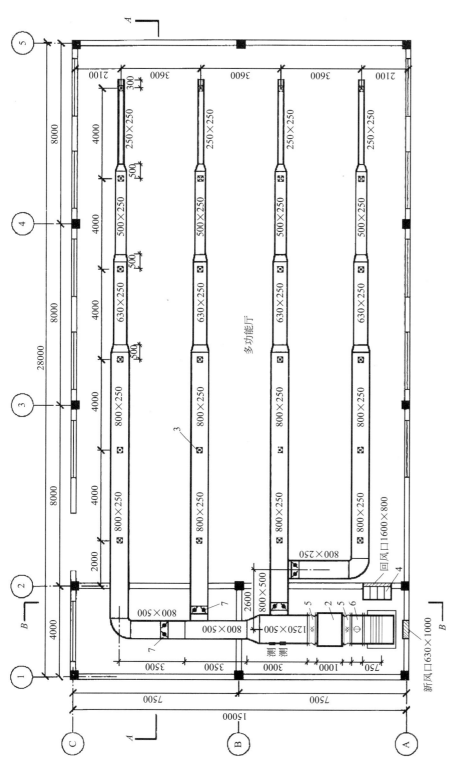

（a）空调送风平面图

图8-39

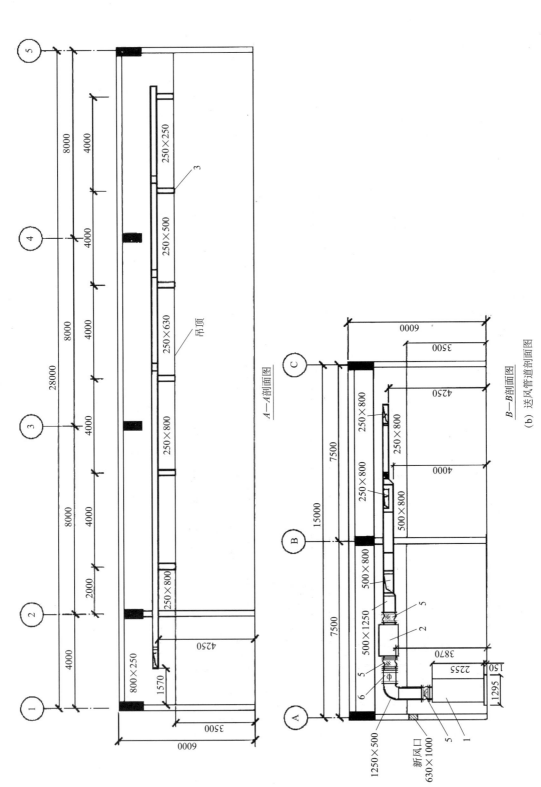

图8-39　空调送风平面图及送风管道剖面图

1—变风量整体空调箱(机组)；2—矿棉管式消声器1250mm×500mm×1400mm(长)；3—铝合金方形散流器240mm×240mm；4—阻抗复合消声器T701-6型5#，1600mm×800mm；5—帆布软管接头，长200mm；6—风管防火阀，长400mm；7—对开多叶调节阀，长200mm

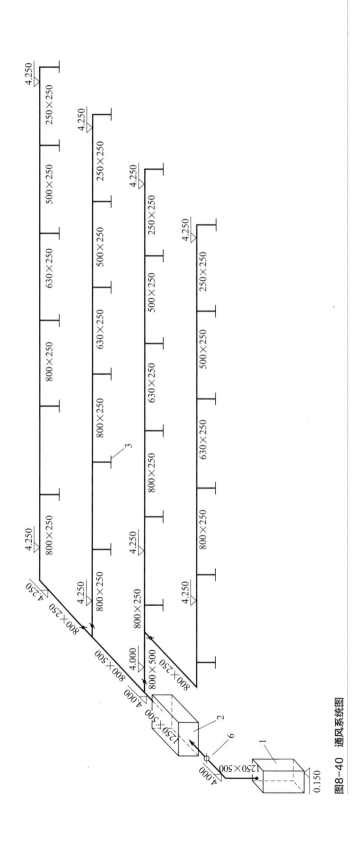

图8-40　通风系统图

表8-8　工程量计算书

项目名称	单位	数量	计算公式
镀锌薄钢板咬接δ=1.2mm 周长4000mm以内	m²	18.43	风管截面：1250mm×500mm $L=(3.87-0.15-2.255-0.2+0.5\div2)+0.75+3.0=5.27$(m) $S=(1.25+0.5)\times2\times5.265=18.43$(m²)
镀锌薄钢板咬接δ=1.0mm 周长2000mm以上	m²	123.07	风管截面：800mm×500mm $L=3.5+2.6-0.2=5.9$(m) $S=(0.8+0.5)\times2\times5.9=15.34$(m²) 风管截面：800mm×250mm $L=3.5+(4\div2+2+4+4+0.5)\times2+[(4\div2+2+4+4+0.5)-2.6]\times2+3.6-0.2\times3=51.3$(m) $S=(0.8+0.25)\times2\times51.3=107.73$(m²)
镀锌薄钢板咬接δ=1.0mm 周长2000mm以内	m²	52.16	风管截面：630mm×250mm $L=(4+0.5-0.5)\times4=16$(m) $S=(0.63+0.25)\times2\times16=28.16$(m²) 风管截面：500mm×250mm $L=(4+0.5-0.5)\times4=16$(m) $S=(0.5+0.25)\times2\times16=24$(m²)
镀锌薄钢板咬接δ=0.75mm 周长2000mm以内	m²	35.61	风管截面：250mm×250mm $L=(4-0.5+0.3)\times4=15.2$(m) $S=(0.25+0.25)\times2\times15.2=15.2$(m²) 风管堵头$S=0.25\times0.25\times4=0.25$(m²) 风管截面：240mm×240mm $L=(4.25+0.25\div2-3.5)\times24=21$(m) $S=(0.24+0.24)\times2\times21=20.16$(m²)
变风量整体空调箱（8000m³/h）/0.6t	台	1	
阻抗复合消声器T701-6型5# 1600mm×800mm	个	1	成品
矿棉管式消声器1250mm×500mm	个	1	成品
风管防火阀1250mm×500mm	个	1	成品
对开多叶调节阀800mm×500mm	个	1	
对开多叶调节阀800mm×250mm	个	3	
铝合金单层百叶新风口 1000mm×630mm	个	1	
铝合金百叶回风口1600mm×800mm	个	1	
铝合金方形散流器240mm×240mm	个	24	
帆布软管接头	m²	2.1	$S=(1.25+0.5)\times2\times0.2\times3=2.1$(m²)
温度测定孔	个	1	
风量测定孔	个	1	

续表

项目名称	单位	数量	计算公式
风管岩棉板保温δ=25mm	m³	6.25	风管截面：1250mm×500mm $V=[2\times(1.25+0.5)\times1.03\times0.025+4\times(1.03\times0.025)^2]\times$ 5.27=0.49(m³) 风管截面：800mm×500mm $V=[2\times(0.8+0.5)\times1.03\times0.025+4\times(1.03\times0.025)^2]\times5.9=$ 0.41(m³) 风管截面：800mm×250mm $V=[2\times(0.8+0.25)\times1.03\times0.025+4\times(1.03\times0.025)^2]\times51.3=$ 2.91(m³) 风管截面：630mm×250mm $V=[2\times(0.63+0.25)\times1.03\times0.025+4\times(1.03\times0.025)^2]\times16=$ 0.77(m³) 风管截面：500mm×250mm $V=[2\times(0.5+0.25)\times1.03\times0.025+4\times(1.03\times0.025)^2]\times16=$ 0.66(m³) 风管截面：250mm×250mm $V=[2\times(0.25+0.25)\times1.03\times0.025+4\times(1.03\times0.025)^2]\times$ 15.2+0.25×0.025=0.44(m³) 风管截面：240mm×240mm $V=[2\times(0.24+0.24)\times1.03\times0.025+4\times(1.03\times0.025)^2]\times21=$ 0.57(m³)
玻璃丝布保护层	m²	261.1	风管截面：1250mm×500mm $S=[2\times(1.25+0.5)+8\times(1.05\times0.025+0.0041)]\times5.27=19.72$(m²) 风管截面：800mm×500mm $S=[2\times(0.8+0.5)+8\times(1.05\times0.025+0.0041)]\times5.9=16.77$(m²) 风管截面：800mm×250mm $S=[2\times(0.8+0.25)+8\times(1.05\times0.025+0.0041)]\times51.3=120.18$(m²) 风管截面：630mm×250mm $S=[2\times(0.63+0.25)+8\times(1.05\times0.025+0.0041)]\times16=32.04$(m²) 风管截面：500mm×250mm $S=[2\times(0.5+0.25)+8\times(1.05\times0.025+0.0041)]\times16=27.88$(m²) 风管截面：250mm×250mm $S=[2\times(0.25+0.25)+8\times(1.05\times0.025+0.0041)]\times$ 15.2+0.3×0.3×4=19.25(m²) 风管截面：240mm×240mm $S=[2\times(0.24+0.24)+8\times(1.05\times0.025+0.0041)]\times21=25.26$(m²)

工程名称：某大厦多功能厅空调工程

表8-9　某大厦通风空调工程预算书

序号	定额编号	分部分项工程名称	单位	数量	单价/元				合价/元			
					主材费	基价	其中		主材费	合价	其中	
							人工费	机械费			人工费	机械费
1	9-13	镀锌薄钢板制安 咬接 δ=1.2mm 周长4000mm以内	10m²	1.843	80×11.38	519+80×11.38	255.00	61.21	1677.87	2634.38	469.97	112.81
2	9-13	镀锌薄钢板制安 咬接 δ=1.0mm 周长2000mm以上	10m²	12.307	70×11.38	519+70×11.38	255.00	61.21	9803.76	16191.09	3138.29	753.21
3	9-11	镀锌薄钢板制安 咬接 δ=1.0mm 周长2000mm以内	10m²	5.216	70×11.38	665.15+70×11.38	327.60	107.00	4155.07	7624.49	1708.76	558.11
4	9-11	镀锌薄钢板制安 咬接 δ=0.75mm 周长2000mm以内	10m²	3.561	60×11.38	665.15+60×11.38	327.60	107.00	2431.45	4800.05	1166.58	381.03
5	9-399	变风量整体空调箱8000m³/h/0.6t	台	1		777.90	775.20		0.00	777.90	775.20	0.00
6	9-295	阻抗复合消声器安装 T701-6型5#	个	1	1500	97.41+1500	90.00	0.10	1500.00	1597.41	90.00	0.10
7	9-257	矿棉管式消声器1250mm×500mm	个	1	800	48.24+800	36.60	0.33	800.00	848.24	36.60	0.33
8	9-126	风管防火阀1250mm×500mm	个	1	800	80.66+800	71.40		800.00	880.66	71.40	0.00
9	9-121	对开多叶调节阀800mm×500mm	个	1	300	33.24+300	25.80		300.00	333.24	25.80	0.00
10	9-121	对开多叶调节阀800mm×250mm	个	3	280	33.24+280	25.80		840.00	939.72	77.40	0.00
11	9-174	铝合金单层百叶新风口1000mm×630mm	个	1	260	73.2+260	48.60	2.84	260.00	333.20	48.60	2.84
12	9-176	铝合金百叶回风口1600mm×800mm	个	1	380	97.33+380	58.20	4.73	380.00	477.33	58.20	4.73
13	9-189	铝合金方形散流器240mm×240mm	个	24	20	15.2+20	14.40		480.00	844.80	345.60	0.00
14	9-77	帆布软管接头	m²	2.1		292.23	107.40	18.58	0.00	613.68	225.54	39.02
15	9-79	温度、风量测定孔	个	2		55.41	29.40	11.10	0.00	110.82	58.80	22.20
16	11-1973	风管岩棉板保温δ=25mm	m³	6.25	500×1.03	671.03+800×1.03	579.00	13.91	3218.75	9343.94	3618.75	86.94
17	11-2307	玻璃丝布保护层	10m²	26.11	1.0×14	22.38+1.0×14	22.20		365.54	949.88	579.64	0.00
		直接工程费合计							27012.44	49300.83	12495.13	1961.32

能力训练题

一、单选题

1. 风机盘管系统为（　　）。
    A. 集中式空调系统   B. 半集中式空调系统
    C. 分散式空调系统   D. 局部式空调系统

2. 整个通风系统设计采用渐缩管均匀送风者，圆形风管按平均直径，矩形风管按平均周长执行相应项目，其人工乘以系数（　　）。
    A. 1.5   B. 2.0
    C. 2.5   D. 3.0

二、多选题

1. 空气调节的任务就是向室内提供冷量或热量，并稀释室内的污染物，以保证室内具有适宜的舒适环境和良好的空气品质，在任何自然环境下，将室内空气控制在一定的（　　）。
    A. 温度   B. 湿度
    C. 气流速度   D. 洁净度

2. 空调系统按空气处理设备的设置不同，可分为（　　）。
    A. 集中式空调系统   B. 半集中式空调系统
    C. 分散式空调系统   D. 制冷剂系统

3. 空调系统按负担室内热湿负荷的介质不同，可分为（　　）。
    A. 全空气系统   B. 全水系统
    C. 空气 - 水系统   D. 制冷剂系统

4. 空调系统根据所处理的空气来源不同，可分为（　　）。
    A. 封闭式   B. 直流式
    C. 混合式   D. 制冷剂系统

5. 蒸发式制冷机组主要包括（　　）几大部分。
    A. 压缩机   B. 蒸发器
    C. 冷凝器   D. 膨胀阀（节流阀）

6. 消声器是空调系统中用来降低空气噪声的装置，根据其工作原理不同，分为（　　）等。
    A. 阻性消声器   B. 抗性消声器
    C. 共振型消声器   D. 阻抗复合消声器

7. 金属薄板风管的制作可采用（　　）等，根据板材厚度不同，可选用不同的连接方法制作。
    A. 咬口连接   B. 焊接
    C. 铆钉连接   D. 螺纹连接

8. 咬口连接类型有（　　）、承插咬口、联合角咬口等。

    A. 单平咬口   B. 单立咬口

    C. 按扣式咬口   D. 转角咬口

9. 金属风管焊接的方法有电焊、气焊、氩弧焊等。焊缝形式有（　　）、搭接角焊缝等。

    A. 对焊缝   B. 搭接焊缝

    C. 角焊缝   D. 扳边焊缝

10. 对于风管管径较大的风管，为了使其断面不变形，同时减少由于管壁振动而产生的噪声，需要对管壁加固。加固的方法有（　　）、加固筋法、管内支撑法等。

    A. 楞筋法   B. 立筋法

    C. 角钢加固法   D. 扁钢加固法

三、判断题

1. 风管制作安装以施工图规格不同按展开面积计算，不扣除检查孔、测定孔、送风口、吸风口等所占面积。（　　）

2. 风管长度一律以施工图示中心线长度为准（主管与支管以其中心线交点划分），包括弯头、三通、变径管、天圆地方等管件的长度，也包括部件所占长度。（　　）

3. 风管直径和周长按施工图示尺寸为准展开，咬口重叠部分已包括在项目内，不另行增加。（　　）

BIM造价技术简介

9.1 BIM技术发展

自20世纪70年代BIM（Building Information Modeling，即建筑信息模型）概念被提出后，BIM技术在很长的时间内只是设计师的美好愿景，发展十分缓慢，直到20世纪末，才开始有人尝试将BIM技术应用到一些简单的建筑设计中去。

2011年5月住建部发布了《2011—2015年建筑业信息化发展纲要》，将BIM纳入信息化标准建设的重要内容，拉开了我国BIM发展的序幕。2016年，住建部发布了《2016—2020年建筑业信息化发展纲要》，BIM被列为"十三五"建筑业重点推广的五大信息技术之首，要求全面提高建筑业信息化水平，着力增强BIM、大数据、智能化、移动通信、云计算、物联网等信息技术集成应用能力。建筑业数字化、网络化、智能化取得突破性进展，初步建成一体化行业监管和服务平台，数据资源利用水平和信息服务能力明显提升，形成了一批具有较强信息技术创新能力和信息化应用达到国际先进水平的建筑企业及具有关键自主知识产权的建筑业信息技术企业。2016年，住建部发布《建筑信息模型应用统一标准》(GB/T 51212—2016)，自2017年7月1日起实施。随后，全国各地也相继出台了相应的BIM应用指导意见。政策不断提出新要求，对国内建筑信息集成应用技术也不断提出新挑战。

9.2 工程造价BIM应用技术发展

工程造价是个复合概念，包含了量与价两个方面。量是基础性数据，不仅是计价的基础，也是项目材料采购、成本控制的基础数据，项目效益的好坏取决于对基础数据的管理。如何快速、准确地获取项目基础数据，这是摆在我们面前的一个重大问题。传统工程造价情况下，算量工作依赖于手工方式，并且是通过纸质图纸获取造价需要的工程量数据，因此，工程量统计会用掉造价人员70%左右的时间。

随着BIM技术的发展，国内外开始出现一些使用BIM原理的图形类的算量软件来解决建筑的工程量计算问题。它们的优点是显而易见的，就是将工程量可视直观化，可导入

CAD 电子文档，还可与计价等软件互导。各软件公司不断优化自身的图形类算量软件，使得软件上手越来越容易。BIM 造价软件不仅带有项目构件的信息和部件数据库，还为造价人员提供造价管理需要的项目构件和部件信息。BIM 在工程造价领域得到全过程、全方位的应用。

9.3 工程造价数字化应用及要求

为适应服务于建筑产业升级和创新创业需求，工程造价数字化应用（Digital Application for Project Cost Management）将互联网、大数据、智能化、云计算、物联网等现代技术应用于造价领域，以工程造价业务流程与管理行为的智能化为基础，以现代职业技能提升为重点，综合形成以专业化、数字化、智能化为运行特征的现代工程造价管理模式和典型专业形态。

工程造价数字化应用的发展，要求工程造价专业人员，能够运用信息化手段以造价管理为核心创造价值。应具有的基本技能是工程建模和计量能力，基础工作是工程计价，核心工作为价格分析，关键要素为造价管控，进而达到最终目的——价值管理。

工程造价已进入数字化应用的时代，现已从单一的造价向全过程、多元化发展，从传统手段向数字化手段发展，实现高价值服务和增值服务发展。

9.4 安装BIM造价技术简介

根据工程造价设计的工作特点，工程造价 BIM 软件主要有建筑工程算量软件、安装工程算量软件、钢结构算量软件、土石方算量软件以及市政工程算量软件。其中，安装工程算量软件出现相对较晚，直到 2007 年，国内才有软件公司着手开发这一专业的造价 BIM 软件。目前，"广联达 BIM 安装算量 GQI2021"软件工程相对较为完善，且推广普及率较高。

广联达 BIM 安装计量软件是针对民用建筑安装全专业研发的一款工程量计算软件。GQI2021 支持全专业 BIM 三维模式算量，还支持手算模式算量，适用于所有电算化水平的安装造价和技术人员使用，兼容市场上所有电子版图纸的导入，包括 CAD 图纸、BIM 模型（Revit 模型、Magicad 模型）、PDF 图纸、图片等。通过智能化的识别、可视化的三维显示、专业化的计算规则、灵活化的工程量统计、无缝化的计价导入，全面解决安装专业各阶段手工计算效率低、难度大等问题。

GQI2021 可以解决安装专业（给排水、采暖燃气、电气、消防、通风空调、智控弱电、工业管道专业）的计量，通过对 CAD 图纸等格式的识别，快速形成安装造价模型并计算工程量。在安装计量软件中设置有安装算量计算规则以及设计规范查询等，帮助进行算量计算以及设计规范查询。

软件有两种算量模式——简约模式和经典模式。简约模式帮助快速算量，经典模式为工程算量常用模式。下面以"广联达 BIM 安装算量 GQI2021"为例介绍一下软件的基本操作。

软件基本操作流程为：新建工程→工程设置→楼层设置→添加图纸→分割图纸→图纸与楼层对应→定位图纸→模型识别及绘制→汇总计算→报表打印及套做法，如图9-1～图9-11所示。

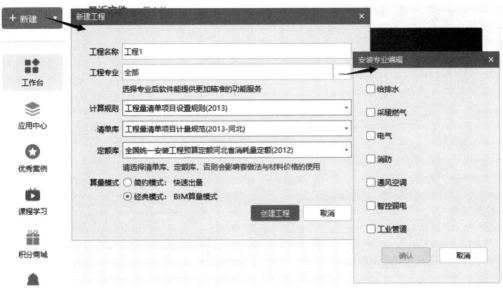

图9-1　新建工程

	属性名称	属性值
1	☐ 工程信息	
2	工程名称	工程1
3	计算规则	工程量清单项目设置规则(2013)
4	清单库	工程量清单项目计量规范(2013-河北)
5	定额库	全国统一安装工程预算定额河北省消耗量定额(2012)
6	项目代号	
7	工程类别	住宅
8	结构类型	框架结构
9	建筑特征	矩形
10	地下层数(层)	
11	地上层数(层)	
12	檐高(m)	36
13	建筑面积(m2)	
14	☐ 编制信息	
15	建设单位	
16	设计单位	
17	施工单位	
18	编制单位	
19	编制日期	2021-08-19
20	编制人	
21	编制人证号	
22	审核人	
23	审核人证号	

图9-2　工程设置

图9-3　楼层设置

图9-4　添加图纸

图9-5　分割图纸

	图纸名称	比例	楼层	楼层编号
1	西配楼_给排...			
2	模型	1:1	首层	
3	一层给水...	1:1	首层	1.1
4	二层给水...	1:1	第2层	2.1
5	三层给水...	1:1	第3层	3.1

图9-6　图纸与楼层对应

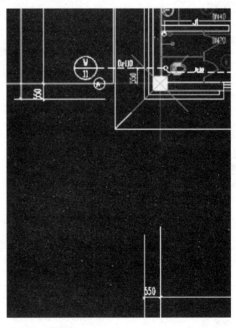

图9-7　定位图纸

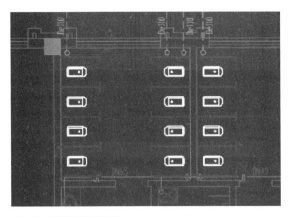

图9-8 模型识别及绘制

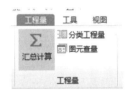

图9-9 汇总计算

图9-10 报表打印

图9-11 套做法

在软件中建模顺序与手工算量相同。软件打开界面如图 9-12 所示。一个专业首先按系统区分，按照系统进行建模算量，然后一个系统里首先数个数，然后量长度。软件的建模顺序为：点式构件识别→线式构件识别→依附构件识别→零星构件识别。这样识别的优点在于，先识别出点式构件，再识别线式构件时，软件会按照点式构件与线式构件的标高差，自动生成连接二者间的立向管道。管道识别完毕，进行阀门法兰、管道附件这两种依附于管道上的构件的识别，阀门附件会依据依附的管道管径，自动生成管径，若没有管道，阀门附件无法生成。最后，按照图纸说明，补足套管零星构件的计量。

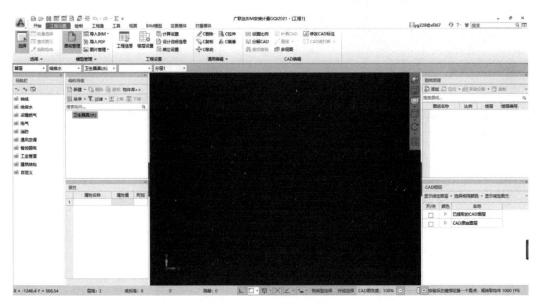

图9-12　软件打开界面

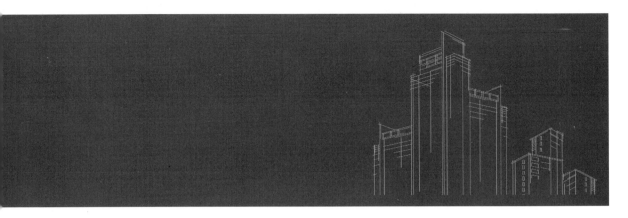

参考文献

[1] GB 50500—2013.建设工程工程量清单计价规范.

[2] GB 50856—2013.通用安装工程工程量清单计价规范.

[3] 河北省工程建设造价管理总站.全国统一安装工程预算定额河北省消耗量定额.北京：中国建材工业出版社，2012.

[4] 冯钢.安装工程计量与计价.北京：北京大学出版社，2018.

[5] 靳慧征，李斌.建筑设备基础知识与识图.北京：北京大学出版社，2014.

[6] 汤万龙.建筑设备安装识图与施工工艺.北京：中国建筑工业出版社，2020.

[7] 边凌涛.建筑设备安装工艺与识图.武汉：湖北科学技术出版社，2013.

[8] 陈连姝.建筑水电安装工程计量与计价.北京：北京大学出版社，2016.

[9] 布晓进，宿茹.安装（管道·电气）工程计量与计价.北京：化学工业出版社，2012.